ニュースなカラス、
観察奮闘記

樋口広芳
Higuchi Hiroyoshi

文一総合出版

Contents

第2部 かしこいカラス、こまったカラス
～ニュースなカラスの「事件」の真相～

第3部 人とともに生きる

◎本文中、撮影者名表記のない写真はすべて著者が撮影

序文

公園の水飲み場でからだを洗う。クルミを車にひかせて割る。線路のレールに石を置く。屋外の水場から石鹸を、また野外の祠《ほこら》からろうそくを次々に盗む。ときには、警察ざたになる。どれも、人ではなく、カラスがやっていることだ。

カラスはいったい、なんでそんなことをするのだろう。いつから、そんなことを始めたのだろう。そうした疑問は、老若男女、多くの人の関心を呼ぶ。その結果、カラスをめぐるいろいろな話題が新聞やテレビに登場する。「カラスの勝手でしょ」「水でも飲むカァ」といった見出しが踊る。本書は、そんな「ニュースなカラス」をめぐる物語、観察記だ。多くは、私自身や私の研究仲間による観察、研究にもとづいている。とは言っても、私はあえてそんな奇妙な話題にばかり、注目してきたわけではない。カラスの日常に、そのような興味深い一面があるだけのこと。観察を続けるなかで、いろいろなできごとに遭遇してきた結果なのだ。

私は鳥類学者。カラスの観察や研究を続けて50年近くになる。カラスのすんでいる場所の特徴から始まり、いろいろ奇妙で興味深い行動まで調べてきた。もっとも、私はカラスの研究だけをしているわけではない。島にすむ鳥の生態や行動の特徴、ほかの鳥の巣に卵を産みこみ、育てさせてしまう「托卵《たくらん》」の習性についても調べた。また、数千キロ、数万キロを移動する渡り鳥の追跡も行なっている。渡り鳥の研究では、人工衛星を利用した最新の科学技術も駆使し、大きな成果をあげている。

鳥との付き合いは、中学生のころから。高校生のころまでは、小鳥からアヒルまで多くの鳥を飼育した。とくに、すばらしく美しいキジ類を好んで飼い、自作のふ卵器でひなをかえしたことも。日照時間を延ばすとウグイスは冬でもさえずる、というのを知って、自分でも試してみた。電球の明かりを長時間つけておき、正月にさえずらせるのにも成功。そんな経験をしたのち、大学や大学院で鳥の生態や行動を研究し、やがて鳥類学者になった。

いろいろな研究をしてきたが、カラスの研究はいつも私を楽しませてくれる。いつでも、どこでもできるので、今日に至るまで続いている。本書では、長いカラス研究で出合った「ニュースなカラス」から、選りすぐりの話題を紹介したい。なかには、20年以上も前に調べたこともある。だが、1つひとつのことがらを、私はすべて鮮明に思い出すことができる。カラスの観察や研究は、それほど興味深いことなのだ。

さて、それでは幕開けとしよう。最初は、みずから水道の栓を回して水を飲む、ときどき浴びる、そんな天才ガラスの物語。「水道ガラス」の登場だ。

第

1

部

水道の栓を回す、
目的によって水量も変える
「水道ガラス」

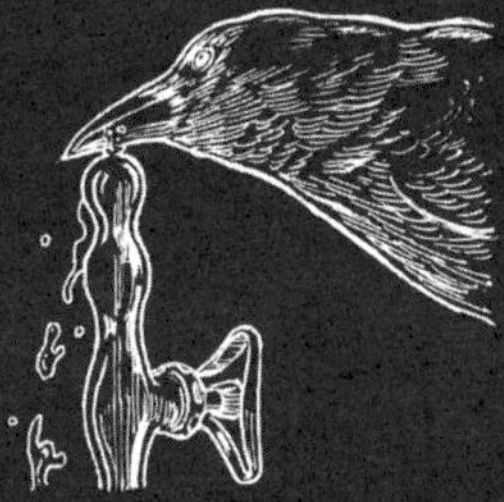

1章

忘れられない瞬間

ある春の日に

木々の葉がまだ開かない春早いころ、私は横浜市内のある公園のベンチに座っていた。ベンチから少し離れたところに、水飲み場が見える。水道は2つあり、1つは水飲み場の台の上にある。横向きの栓を回すと、水が上に噴き出る。もう1つは台の横側にあり、蛇口は下を向いている。

ベンチに座ってから15分ほど、1羽のカラスが水場にやってきた。台の上にとまり、水道の栓を突いて回す。水が出る、それにくちばしの先を近づけ、おいしそうに飲む。

おおっ、まさか！　カラスが水道の栓を自分で回して水を飲んだ。私は息をのむ。カラスは2度、3度、繰り返し水を飲む。カラスは平然とことを進めているが、私の方は興奮気味。なにしろ、人が作り出した水道というものを、カラスが巧みに操作して、水を飲んでいるのだ。

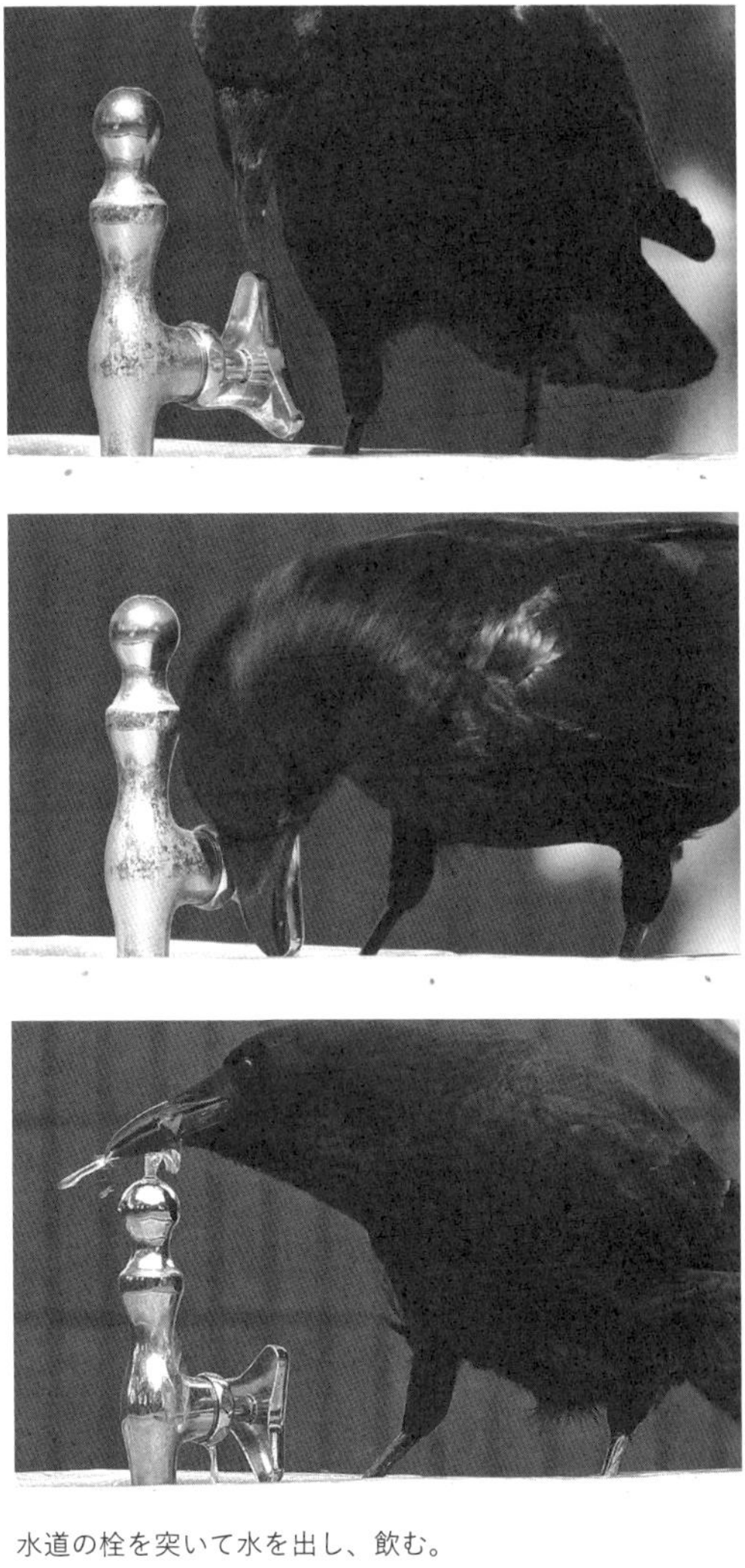

水道の栓を突いて水を出し、飲む。

２０１８年3月13日、午前10時55分。私が初めて、カラスが水道の栓を回して水を飲むのを見た瞬間だった。

帰路、公園から駅方面に向かう階段を降りながら、私は幸せな気分で満たされていた。それは、この日にすばらしい瞬間を経験することができた、ということだけからではない。これから先、この行動の詳細を明らかにしていこう、していくことができる、という楽しみと展望が加わってのものだった。

じつは、カラスが水道の栓を回して水を飲むという行動は、私が最初に発見したことではなかった。私が初めてその行動を見た前日、3月12日に、神奈川新聞の記者から得た情報だった。記者の伝就介《つとうしゅうすけ》さんは、私にこうたずねた。

「横浜の住民の方から、カラスが公園の水道で栓を回して水を飲んでいる、という情報がありました。どう思われますか?」

私はおどろいた。が、即座に答えた。

「それはすばらしい情報です。カラスはとてもかしこい鳥ですから、ありえる話です。私もぜひ見てみたいと思います」

そして、早速翌日、私自身、問題の公園に出かけて行ったのだった。

この件の新聞記事は、その翌日、3月14日に私のコメントとともに掲載された。

弘明寺公園より横浜港方面を望む。

　タイトルは「水でも飲むカァ〜」。
　この日、自宅から公園へ向かう地下鉄の車内で、この新聞社の車内掲示版に目がいった。「横浜でカラス、水道の栓を回して水を飲む」といったニュースが流れていたのだ。情報が広まるのが速いのに少しおどろいた。同時に、この「水道ガラス」をひと目見ようという人たちが公園に集まりすぎないか、ちょっと心配だった。

現場は市街地の公園

「水道ガラス」の現場は、弘《ぐ》明《みょう》寺《じ》公園《こうえん》。東京と横浜、三浦半島を結ぶ京浜急行の弘明寺駅が最寄りで、駅の裏手から階段を上がった小高い丘の上にある。もともと横浜市内最古の寺院である弘明寺の寺林だった。カラスがやってくる水飲み場は、公園内の広場にある。広場には展望台があり、そこからは遠く、横浜港方面のマリンタワーやベイブリッジ、ランドマークタワーなどが望める。

私は横浜で生まれ育った。「浜《はま》っ子《こ》」だ。途中、あちこちに移り住んだが、現在も横浜の住人。この地には慣れ親しんでいる。横浜港方面に目をやると、高校生のころ、開港記念の港まつりのバザーでアヒルのひよこを買い、育てたことが思い出された。鳥との付き合いは、そのころから今日までずっと続いているということだ。

2
章

胸ときめくカラス観察

公園通いの日々

その後、私は時間を見つけては毎日のように公園通いを続けた。住まいを出てから公園に着くまで50分ほど。公園に向かう階段を登ると広場に出る。観察場所は広場にあるベンチの1つ。水飲み場からベンチまでは4、5メートル。観察には十分に近い距離だ。この距離でもカラスはまったく人をおそれない。

水飲み場は、高さ1メートルほどのコンクリート製。上面と側面に水道の蛇口がついている。上面の蛇口は上を向き、栓が横についている。栓には3つの取っ手があり、回すと蛇口から水が出る。噴水のような感じだ。側面の水道は蛇口が下を向き、上の水道と同じ形の栓を回すと下向きに水が出る。

ベンチに腰かけ、双眼鏡を首からぶら下げる。カメラを片手に、カラスが水を飲みにくるのを待つ。双眼鏡は比較的小型のもので8倍。カメラは、長い望遠レンズを付ける

観察場所の広場。

水飲み場。カラスは上の水道の栓を回す。

必要のないズーム機能付きで、動画と静止画の両方が撮れるものだ。行動の細部まで記録するには動画の方が便利なので、動画優先で撮影する。

カラスが近づいてくると、胸が高鳴る。カラスは地上を歩いてくることが多い。付近の木の上から直接、水場に降り立つこともある。地上からくるときには、5～10メートルほどの距離を、両足を交互に出しながら歩いてくる。両足をそろえてホッピングしてくることはない。

カラスは上の水道のそばに降り立つ。降り立つと、くちばしの先で取っ手の1つを突いて栓を回す。水が出る。その水に、くちばしをつけて飲む。おいしそうに飲む。

鳥がそこまでやるか、と思ってしまう。人間が作り出した水道という器具、というか仕組みを利用して、喉をうるおしているのだ。カラスは、ほんとうにすごい！

カラスは1日に何度もこの公園の水飲み場にやってきて、栓を回して水を飲む。春先、天気のいい日は喉も乾くのだろう。それに、近くに水を飲める場所はなさそうだ。水道の栓を回して水を飲めるなら、こんなに便利なことはない。

2次元コードをスマートフォンで読み取ると、動画をご覧になれます。

ハシブトガラス。くちばしが太い。体重 600 〜 800 グラム。森林や大都市などにすむ。

ハシボソガラス。くちばしが細め。体重 450 〜 650 グラム。農村地帯や河原などにすむ。

やってくるカラスは、くちばしの細いハシボソガラス。日本には、このハシボソガラスと、くちばしが太くて、ちょっと大きめのハシブトガラスが1年中いる。すんでいる環境は少し違うが、公園には両方いる。ハシボソは「ガアー、ガアー」と、にごった声で鳴く。ハシブトの方はカアー、カアーと澄んだ声。地上でハシボソは、両足を交互に出して歩くことが多い。ハシブトは、両足をそろえてホッピングすることが多い。

本格的な公園通いが始まった。毎日、わくわくしながら公園への階段を登る。

カラスの観察のために公園に人が集まりすぎないか、という心配は、必要ないようだった。この目的で公園にやってくるのは、私だけのようだ。めずらしい鳥を追いかける人が多いことからすると、ちょっと不思議。だが、ゆったり気分で観察できるのはうれしいことだ。

ある日、広場に到着すると、カラスがすでに水飲み場の台の上にとまっていた。栓回しが始まろうとしている。あわてて走ってベンチに向かう途中、何かにつまずき、思いっきり転んだ。階段を登るころから双眼鏡を首にかけ、カメラを三脚につけていたのだが、体がそのまま宙に浮き、おでこから地面に激突。これはもうだめか、と一瞬思った。が、幸いに、ほんとうに幸いに、たいしたけがをしなくて済んだ。近くで見ていた人は心配してくれたが、もちろんカラスは気にも留めない。いつものように栓を回して水を飲み、飛び去っていった。

飲むときと浴びるときで、栓の回し方と水量を変える

観察を続けていくうちに、カラスは栓を回して水を飲むだけではないことがわかった。水を浴びることもしていたのだ。

しかも、だ。水を飲むときと浴びるときで、栓の回し方と出す水の量を変えるのだ。飲むときは、栓の取っ手をちょこんと突いて、水を数センチ程度ちょろちょろと出す。

水道の栓をギュッとひねって大量の水を出し、浴びる。

そのちょろちょろ出る水をおいしそうに飲む。一方、浴びるときには、栓のふちをくちばしでくわえてぎゅっとひねり、大量の水を出す。水の高さは50〜80センチほどにもなる。その降りそそぐ大量の水を、からだにつけて浴びる。見事な違いだ。

だれがやっているのか？

この様子を最初に見たとき、私はおもわず、「す、すごい！」と叫んだ。目的に応じて、栓の回し方と出す水の量を変えているのだ！ たしかに、飲むときには蛇口からちょろちょろ出る水の方が飲みやすい。浴びるときには、それでは明らかに不十分。栓をぐいっと回して、大量に水を出したほうが都合がよい。それを知っていて、カラスは栓の回し方を違えているのだ。おそるべし、カラス！

ただし、水浴びの方の回数は、飲む回数よりも少ない。あたりまえかもしれない。喉は乾きやすいだろうが、水浴びは頻繁にやるようなものではない。「カラスの行水」という言葉がある。簡単に風呂を済ませてしまうという意味だが、じつはカラスの水浴び

2次元コードをスマートフォンで読み取ると、動画をご覧になれます。

は、かなり念入りだ。それにしても、水を飲むほどに多くやるものではないのだ。

中途半端にしか見られなかった例を除き、きちんと確認できた観察25例では、栓をこつんと突いて、ちょろちょろ出る水を飲んだのは21例。栓をぎゅっとひねって、大量の水を浴びた例は4例だった。

水浴びは、水を飲んだあとに行なわれることもある。この場合には、とりわけ、水飲みと水浴びのさいの栓の回し方と出す水量の違いがはっきりわかる。

観察を続けるうちに、水道の栓を回すのは、あるつがいの1羽、メスだけであることがわかった。オスはメスが栓を回して水を出したところにやってきて、飲んだり浴びたりはする。しかし、自分では決して栓を回すことはない。完全にメスにたよりっきり、メスだのみなのだ。

このつがいは、広場のクリの木の高いところで繁殖している。カラス類では、卵を温める行動「抱卵」はメスしかしない。栓を回すのがメスだと判断したのは、抱卵する個体だけが栓を回すからだ。メスを「グミ」、オスを「ヨウジ」と名付ける。どちらもよい名前だと思うが、たね明かしすれば、地名の弘明寺（グミョウジ）からとったものだ。メスのグミの方が、オスのヨウジよりも少し小さくて細身だ。

広場のある公園には、ほかのハシボソガラスやハシブトガラスもいる。カラスの声は、あちこちから聞こえてくる。しかし、ほかのカラスは、栓を回すことはしない。

いつから始まったのか？

公園通いをしていると、いろいろな人と顔見知りになる。いつも広場の水場近くのベンチに座り、双眼鏡とカメラで何かをのぞいている私を見て、話しかけてくる人もいる。

「何をしているんですか？」

「カラスですか、ああ、あの新聞に出ていたカラス。栓を回して水を飲む」

「私も見たことありますよ」

こうした話は、時として貴重な情報源になる。とくに近隣の人で、自身や犬の散歩に毎日訪れる人からの情報は重要だ。

当時、私が最も知りたかったこと、それはこの公園のカラスがいつから水道の栓を回し、水を飲んだりし始めたのか、ということだ。会話を続けるなか、この点を何人かの人に聞いてみた。

人によって、多少話は違っていた。ある人は「半年くらい前からやっていた」と言う。私が観察していた3～4月の半年前だと、2017年の秋から冬のはじめか。別の人は

「去年の夏にはやっていた」と言う。そうだとすると、同じ2017年の夏になる。

はっきりしたことはわからないが、どうやら、その時期あたりから始まったようだ。

公園を訪れる人のなかには、栓を回して水を飲むのは1羽のカラスだけ、ということまで知っている人もいた。ただし、それ以上の細かいことまでは見ていないようだった。

3章 観察日記

さて、先に進む前に、具体的な観察の記録をいくつか紹介しておこう。栓を回す行動とその前後に見られた行動の記録、観察日記からの引用だ。

▼3月15日（木） 午前10時〜午後12時50分 晴れ、風あり。

10時44分、グミが水飲み場に飛来。水道の栓の内側をこつんと突く。水がちょろちょろと出る。水の高さは1〜2センチ。水の高さは、事前に測っておいた蛇口の高さ（14センチ）をものさし代わりに推定。グミ、くちばしの先をつけて飲んだのち、飛去。水飲み場での滞在時間50秒程度。本日、水飲み場に来たのはこの1回。

午後、付近の木々から枯れ枝をもぎ取り、巣に運ぶ様子がよく観察できた。もぎ取るとき、くちばしで折るだけでなく、枝をくわえたままぶら下がり、自分の体重で折り取ることもある。かしこい。つがいの2羽は、いつも互いに見える範囲におり、しばしば一緒になる。オスのヨウジからメスのグミへの給餌（求愛《きゅうあい》給餌《きゅうじ》）も、2回ほど見られた。

何を与えたのかは不明。

▼3月18日（日）　午前10時40分〜午後3時45分。晴れ

午前11時10分　グミが歩いて水飲み場に。上の水道の栓の内側をこつんと突く。水が2〜3センチ出て飲む。ヨウジもやってきて、一緒に飲む。30秒くらいとどまったのちに飛去。

午後1時45分　グミ、歩いて水飲み場に。栓の内側をこつんと突く。水が3センチほど出て飲む。ヨウジは来ない。40秒ほどとどまり、飛去。

午後3時30分　グミが水飲み場に飛来。栓の内側をこつんと突く。水が2〜3センチ出て飲む。この間30秒。

グミはその後、水浴びをしようとからだを水盤につける。しかし、たまった水の量は明らかに不十分。くちばしで栓をいじり始める。2、3回やったのち、栓をくちばしでしっかりとくわえ、ぐいっとひねる。水が70〜80センチほど勢いよく出る。興奮しながら、降りそそぐ水をからだにつけるようにして浴びる。からだの位置を何度か変え、ばしゃばしゃと浴びる。

足で栓にふれるが、ひねっている様子はない。栓にひっかけて、横向きになったから

だのバランスをとっているだけのようだ。水は相変わらず勢いよく出ている。そのまわりをせわしなく動きまわりながら水浴び。ヨウジの姿はない。

水飲み場到着から1分20秒滞在後、飛去。

▼3月28日（水）快晴、とても暖か。午後2時20分～5時30分。

広場のサクラ（ソメイヨシノ）の花が見頃。空気まで淡いピンクに染まっているようだ。到着直後の午後2時20分　1羽が水飲み場にきていた。うろうろしているが、栓を開ける様子はない。10秒後に飛去。おそらくオスのヨウジ。グミがいないと、どうにもならないようだ。

午後4時2分、グミが歩いて水飲み場へ。上の水道の栓の内側を突いて水を出す。水の高さ5～6センチ。いつもより少し高い。水を飲むと、20秒くらいで飛去。

午後4時54分　グミ、通行人がまいたポテトチップスをつまんで水飲み場へ。上の台でチップスを浅くたまった水に浸し、やわらかくして食べる。これもかしこい行動だ。25秒後、栓を突いて水を出して飲む。水の高さ3センチ。38秒後に飛去。40秒後、ヨウジがやってきて、グミが出していった水を飲む。1分40秒後、下の段に降りる。戻ってきたグミと一緒に、浅い水盤の上を動きまわる。1分50秒後、飛去。

午後4時58分　ヨウジ登場、水飲み場の下から上へ飛び移る。うろうろするだけ。35秒後、水の出ていない蛇口にくちばしの先端をつけて飲むしぐさ。1分15秒後から2分15秒後までの1分間、水道横の浅い水たまりで、くちばしを横にして何度も水を飲む。その後、飛去。

午後5時　ヨウジ、水飲み場の下段でポテトチップスを水に浸して食べる。

午後5時1分　グミ飛来、いきなり上段へ飛び降りる。5秒後に栓をちょこんと突いて水を出し、飲む。水高2～3センチ。35秒後に飛去。

▼4月4日（水）晴れ、とても暖か。強い風あり。午前11時20分～午後5時45分。

カラスが水飲み場になかなかやってこない。ソメイヨシノの花は散ったが、広場で市民が宴会。加えて、小学生4人が大声を出し、追いかけ合いながら水かけ遊び。これでは、さすがにカラスは水飲み場にやってこない。

午後4時20分ころ、ようやく人が引き上げる。6分後の4時26分、グミ、水飲み場に急ぎ足で歩いてくる。栓の内側をちょこんと突いて水を出す。水の高さ2センチ。飲んだのち10秒後に飛去。すぐにヨウジがきて、出たままの水を飲む。30秒ほどで飛去。

午後5時2分、妻の晴美が調査に参加。夫婦でベンチに座りながら観察。ただし、妻は研究者ではないので、とりとめない話が続く。私は、目だけは水飲み場へ（のはずだった）。しかし、妻は目と勘が私よりもよい。午後5時13分、妻が「あっ、カラス！」

私がうっかり横見をしているすきに、グミが水飲み場に飛来。栓の内側をちょこんと突いて水を出す。水の高さが1センチにも満たず、すぐにもう1度突くと3センチになる。水を飲んだのち、10秒後に飛去。途中、ヨウジが合流して水を飲む。20秒ほどで飛去。

グミの飛来を見逃した私、鳥類学者の面目なし。妻に「広芳さん、ほんとうにビオロゴなの？」と、冷やかされる。ビオロゴ（Biologo）とは、スペイン語で「生物学者」の意味だ（男性名詞、女性の場合はビオロガ　Biologa）。妻はスペイン滞在歴16年の経験をもつフラメンコ舞踊家、日常会話の中にもスペイン語が混じる。私は「カラスって、ときどき、忍びのようにやってくるんだよね」と言い訳しきり。

▼4月16日　午後1時10分～4時15分。曇り、ときどき晴れ。

午後3時56分　グミ、巣から出て向かいのベンチ付近に降り、地上をゆっくり歩いて水飲み場に到着。私がわざときつく閉めておいた栓を、いつも通り、こつんと軽く突く。水が、水はほとんど出ず。あれ？といった様子で、すぐにもう1度、少し強めに突く。水が出る。水高3センチ、飲む。ひょっとして水を浴びるときのように、くちばしで栓をひねるかと思ったが、そうはしなかった。38秒後に飛去。

午後4時5分　グミが歩いてきて栓を突き、少し多めに出た水を飲む。水高3～4センチ。栓の閉め方は緩くしておいた。20秒後に飛去。

この日、グミもヨウジもとても神経質になっていた。広場を見下ろせる樹木の上にいて、地上にドバトなどが降り立つと、飛んでいって激しく追い払う。ハトたちはすぐに飛び去るが、やがてまたやってくる。すると「ガー、ガー」と鳴きながら、すかさず飛んでいって追い払った。ひながかえるころだったので、目ざわりなものは、ハトといえども近くに来るのを拒むのだろう。ただし、私をふくめて人に対しては、攻撃をしかけてくることはなかった。

4章 さらなる新事実

もっとくわしく見る

カメラの動画をしっかり見直すと、さらにおどろくべきことがわかった。グミは、栓の決まった部分を突いたりひねったりしていたのだ。水を飲むときには、栓の3つの取っ手のうち、下向きの1つの先端の内側をこつんとくちばしで突く。つまり、単にどこかの取っ手の内側を突いていたのではないのだ。そして水を浴びるときには、ベンチ側から見て奥側の取っ手のへりをくちばしでくわえ、ぎゅっと回す。これも、どこか適当な取っ手をくわえていたわけではないのだ。

この点は、きちんと確認できた水飲み21例、水浴び4例すべてで同じだった。取っ手のどこを突いても、あるいはひねっても変わりないように思えるのだが、いったいどういうことなのか。

私は自分自身でペンチを使い、いろいろな位置や方向から試してみることにした。ペンチは、物をつかむ部分が5センチほどのラジオペンチを使用。つかむ部分のこの長さは、カラスのくちばしの長さと大差ない。ラジオペンチなので、先は細長く伸びている。水道の栓の取っ手には、左の写真のようにそれぞれ1、2、3と仮の番号を付け、記録しておいた。

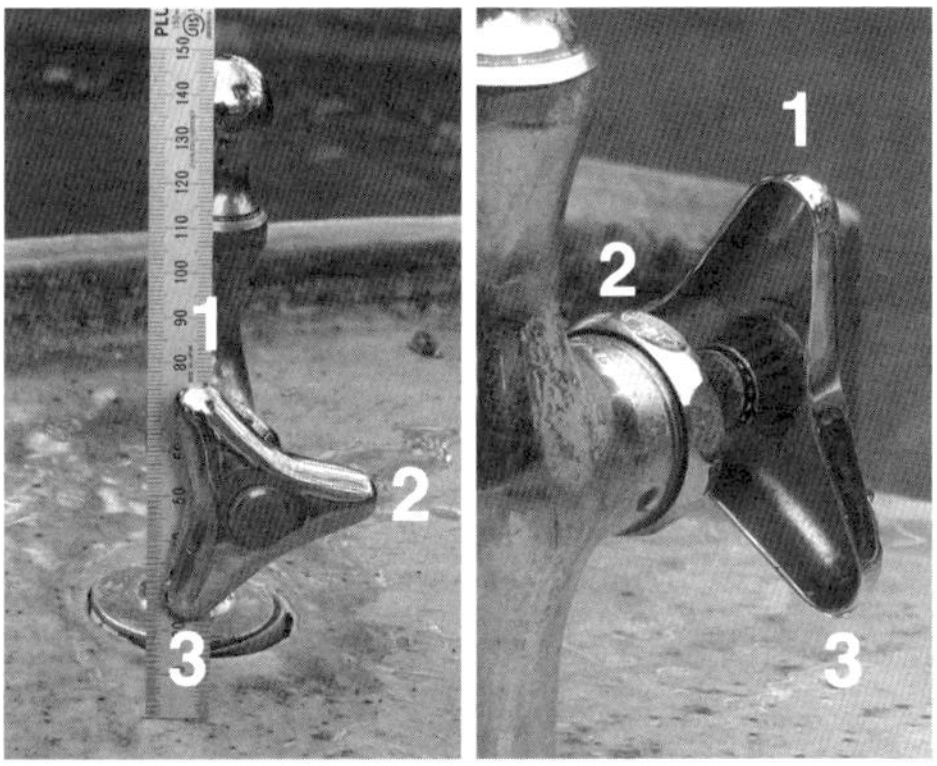

水道の栓の取っ手に番号を付けた。

ペンチを使って栓の回し方を調べる。

その結果、栓を回して水をちょろちょろ出すには、下向きの取っ手、写真の3の先端の内側を軽く突くのがよいことがわかった。ほかの取っ手の内側先端だと、ペンチやそれを握る手の位置を不自然に変えなければならず、しかもちょこんと突くのがむずかしい。取っ手の外側はつるつるしているので、どこでもすべって突きにくい。

一方、取っ手のへりをペンチでぐいっと強くひねるさい、つかむのは奥側の取っ手、写真の2の取っ手でなければならなかった。ほかの取っ手のへりだと、やはりペンチやそれを握る手の位置を不自然に変えなければならないし、強くひねるのもむずかしい。ようするに、答えは明瞭。水をちょろちょろ出して飲むときも、水を大量に出して浴びるときも、グミがやっていることが一番よいことがわかったのだ！

グミが栓を回す瞬間、双眼鏡を使った観察はうまくいったが、撮影の方はかならずしもはかどらなかった。とくに、栓のふちをくわえてひねる場面は、ベンチからは水場の裏側での動作になるので、撮影はむずかしかった。カメラの焦点が合わずに、静止画も動画もぼけてしまうことが多かったのだ。

撮影の難点を補うため、観察・撮影情報をもとにイラストを作ってみた。次ページ左側の絵のa、b、cは水を飲むとき、右側のd、e、fは水を浴びるときの一連の動作だ。人間が作り出した水道をじつに巧みに利用していることがよくわかる。

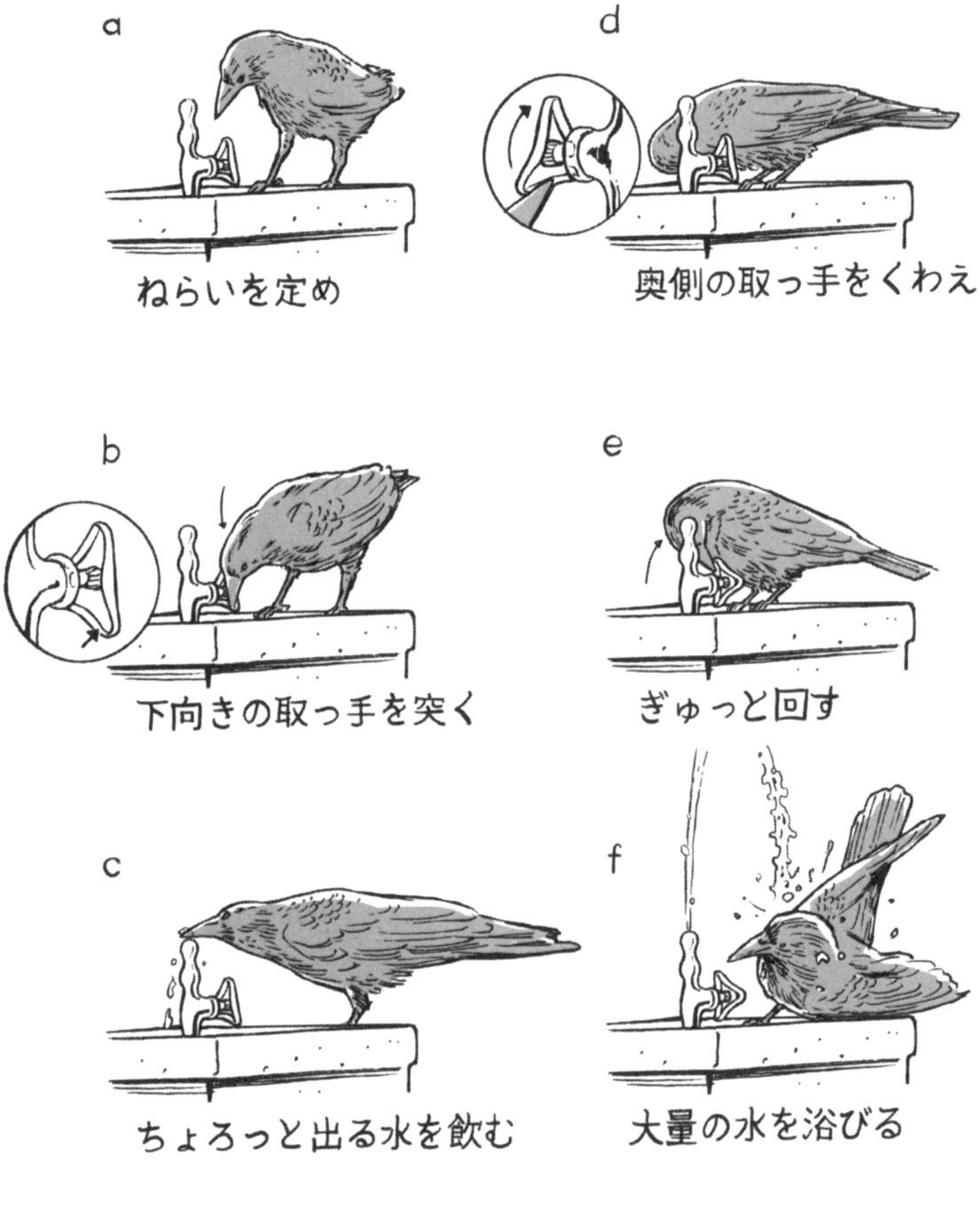

水を飲むとき（a, b, c）と浴びるとき（d, e, f）で栓の回し方と出す水の量を違える。イラスト：竹田嘉文

かしこいメス、ふがいないオス

個体ごとの細かい観察を続けるには、色足環などを付けて個体識別することが重要だ。1羽ずつ、複数の異なる色の足環を付ければ、その組み合わせから個体識別ができる。しかし、足環を付けるには、鳥たちを捕獲しなければならない。この繁殖の時期に、研究のためとはいえ捕獲することは、鳥たちの行動に悪影響を与える可能性がある。かえって、不自然な状況を招いてしまうことにもなりかねない。

とりあえず、グミとヨウジについては、からだの大きさや行動の違いから区別がつく。自然の状態で観察を続けることにした。

何度観察していても、オスのヨウジは栓を回さない、回せない。グミが水を出すと、そばにきて飲んだり浴びたりはする。からだつきはがっしりしているが、グミにたよりっきり。見ていて、ちょっと情けない。

グミはヨウジに対して心が広い、むずかしく言えば寛容だ。あとからきて、申し訳ないそぶりも見せずに水を飲むヨウジを、突いたり追い払ったりは決してしない。かしこいだけでなく、心も広いのだ！　これが夫婦円満の秘訣になっているのかもしれない。

ただし、カラスの世界で、つがいの一方がもう一方にいつも寛容というわけではない。

メスのグミ（右）が出した水を飲むオスのヨウジ。

のちに紹介する、クルミを車にひかせて割るハシボソガラスの例がその1つ。秋田の例だ。道路にクルミを置くのはオスだけなのだが、そのオスは、割れたクルミを独り占めしようとするのだ。つがいのメスがやってくると、前に立ちはだかったり、足で蹴ったりする。ときには、追い払おうともする。冬の食糧不足の時期なので、いやがられても、メスは砕けた実の中身をしつこくついばもうとする。そんなメスの前に、何度も片方のつばさを広げて立ちはだかり、蹴り、追い払おうとするのだ。

カラスはいろいろな面で人間臭いところがある。この例を見ると、「なんて、心の狭いやつなんだ」「オスなんだから、もっと包容力をもったらどうか」と、つい思ってしまう。

この2つの例からすると、オスよりメスの方がつがいの相手に対して心が広い、寛容だと思ってしまうかもしれない。しかし、まだ例数がきわめて限られているので、はっきりしたことはわからない。オスにだってメス思いの鳥がいるかもしれないし、メスにだって、オスの前に立ちはだかって蹴るような鳥がいる可能性もある。人間の世界とどうように!?

出した水は止めるのか？

栓をちょこんと突くと、ちょろちょろと水が出る。栓のふちをくわえてぎゅっとひねったときには、水は勢いよく出る。カラスは、この出した水を止めていくのだろうか？答えはノー。グミは水を出しはするが、栓を閉めはしない。ちょろちょろ水も、噴き出た水も、出しっぱなし。もちろん、オスのヨウジが栓を閉めることもない。そんな様子は、さらさらない！

カラスにとって、水を出すことに意味はあっても止めることに意味はない。だから、カラスは放置する。まあ、そうではあるのだろうが、1日に何度もあること。水道はもともと人のもの、水の出しっぱなしはもったいないない。水道代だってバカにできないかもしれない。

でも、やがて、水は止まる。というか、止められる。公園を訪れる人たちが気づいて止めていくのだ。公園には憩いを求めて次々に人が訪れる。犬の散歩のためにやってくる人もいる。この人たちの多くは常連で、新聞にニュースが流れたこともあって、カラスのやっていることを知っている。しかたがないなぁと思いつつ、栓を閉めていってくれるのだろう。

私はといえば、観察しているときには使命感から（?･）、もちろん閉める。ときには、ちょっと意地悪して、少しきつく閉めることも。

5
章

ほかにもある水道の栓回し

札幌のカラスの栓回し

じつは、カラスが水道の栓を回して水を飲んだりするのは、この横浜のカラスの例が初めてではない。2000年代に入ってしばらくしたころ、北海道の札幌市でも、水道の栓を回して水を飲むカラスが観察されている。札幌のカラス研究家、中村眞樹子さんによる観察だ（中村眞樹子『なんでそうなの 札幌のカラス』北海道新聞社、2017）。

場所はある都市公園。ここでは、ハシボソガラスもハシブトガラスも栓を回していた。しかも、カラスは栓を回して水を飲むだけではない。水の出る蛇口の穴を足でつかんで細め、水が噴き出る勢いを強めて浴びることもあるとのこと。これもすごい！

しかし、水道の栓はレバー式。衛生上の問題や、水が出しっぱなしにされるのをいやがられ、横浜のと同じ回転式の栓に変えられてしまった。その結果、カラスたちは栓を回せなくなってしまったとのこと。

レバー式の栓を回す札幌のハシボソガラス。撮影：中村眞樹子

私はこの札幌の例を、私の著書『日本の鳥の世界』（平凡社、2014）や『鳥ってすごい！』（山と溪谷社、2016）の中で、かしこい鳥、かしこいカラスの例として紹介していた。紹介しながら、また中村さんの撮影した動画などを見ながら、うらやましく思っていた。私は鳥の知的な行動に大きな関心があったからだ。また、めずらしい例だったので、私自身が見る機会はないだろうと思っていたからでもある。

しかし、まったくの偶然に、水道の栓を回すカラスの例、そう、グミの例を見る機会に恵まれたのだ。しかもなじみ深い、おひざ元の横浜で。さらに言えば、横浜のカラス、グミは、札幌のカラスができなかったこと、回転式の栓を回すことをやってのけていたのだ。

札幌のカラスは、横浜のカラスのすごさを引き立てていると言ったら、中村眞樹子さんに叱られるだろうか。

国内のほかの観察例

カラスによる水道の栓回し。めずらしい例ではあるのだが、カラス、公園、野外水道、この3つはどれもごくふつうにあるものだ。3つの組み合わせで見ても、ありふれている。ほんとうに、ほかでは例がないのだろうか？　知られていないだけで、じつはけっこうあるのではないか。

そんな疑問をもって、私は文献やインターネットなどを調べてみた。しかし、論文や書籍を調べてみても、札幌の例を除けば興味深い例はなかなか出てこない。だが、知人からの情報とインターネットなどから、いくつか注目される例が現れた。信頼のおける例として、次のようなものがある。

◎神奈川県秦野市の例

知人の鳥類研究者、加藤ゆきさんからの情報。加藤さんは、神奈川県立生命の星・地球博物館の主任学芸員だ。

加藤さんによると、一昨年（2019年）、カメラマンのご主人、重永明生さんが神奈川県秦野市の弘法山《こうぼうやま》に出かけたときのこと。4月から5月にかけて、野外の水飲み場で、水が噴水のように出ているのを何度か発見。誰かのいたずらかと思って見ていると、カラスがやってきて水道の栓をひねって水を出していた、とのこと。水場までの距離があったため、カラスがハシボソかハシブトかは不明。

栓は横浜のと同じ、3つの取っ手がついた回転式。重永さんは、2度ほど栓を閉めて水を止めたそうだ。

しかし、その後はそうした光景を見かけない、とのこと。どうやら、水量が全体に少なくなったために、栓を回しても十分な水が出ず、回すのをやめてしまったようだ。

◎神奈川県横浜市の本牧いずみ公園の例

こちらは、日本テレビ報道局の記者、島津里彩さんからの情報。私が「水道ガラス」について島津さんから取材された折、関連情報として、彼女がツィッターを通してある市民から得たものだ。2019年11月下旬の取材によるもので、概要は次の通り。
・以前から水飲み場の水が出しっぱなしになっていることがあったので、なんだろうと疑問に思っていたが、撮影に成功。カラスだとわかっておどろいた。
・水道の栓はレバー式。くちばしでレバーを下からひねって水を出す。
・2018年の夏頃、水飲み場の水道付近をうろうろするカラスを見かけたため、栓をひねって水を出してあげたら飲んだ。
・実際に、カラスが蛇口から水を飲んでいるのを見たのは2019年の夏。
・大きさの違う2羽がやってきて水を飲んでいた。ただし、栓を開けるのは一方の大きい方の鳥だけ。
・夏の時期だけ見られるようで、その後は見かけない。

動画を見ると、カラスはハシボソガラス、出す水の高さは15〜20センチほどだ。栓がレバー式というのは札幌の例と同じ。2羽がやってくるが栓を開けるのは一方だけ、というのは、弘明寺の例と同じ。ただし、大きい個体、おそらくオスが栓を開けていたという点は違っている。水道付近をうろうろするのを見て、栓をひねってあげたら水を飲んだ、というところは、新鮮な情報だ。

この情報を得て、私自身も何度か本牧いずみ公園に出かけてみた。だが、残念ながら、カラスによる栓回し、水飲みは見られなかった。

◎北海道根室の例

こちらはインターネットに出てくる情報。タイトルは「天才カラス現る！」って、「私も見たことあるよ！」。

横浜の水道ガラスがテレビで報道されたのを見て、ご自身が観察した経験をブログ『鳥撮り放浪記』に書かれたもの（ハンドルネームはtotoro）。要点は次の通り。

・2013年8月、場所は北海道根室市にある明治公園の駐車場前の水飲み場。
・旅行で当地を訪問。たまたま水を飲みにくるカラスを発見。数日間滞在して、水飲み場にくるカラスの様子をカメラで撮影。
・やってくるのはハシボソガラス。水道の栓はレバー式。
・カラスはたびたび水飲み場にやってきて、レバーをくわえてひねり、栓を開けて水を飲む。

2次元コードをスマートフォンで読み取ると、ウェブサイトにリンクします。

・その後、この水飲み場はバーベキュー施設のキッチン用の流しに改修され、カラスがくることはなくなった。

ほかにも2、3の例があるが、情報が限られていて紹介するのはむずかしい。

いずれにしても、公園、野外水道、カラスという3つの組み合わせはありふれているのに、カラスが水道の栓を回して水を飲む、あるいは浴びるという例は、きわめて限られている。実際、私の住んでいる横浜市だけでも、野外水道のある公園などにカラスがいる例は数えきれないくらいある。そうした場所で、私はかなり念入りに観察を続けているのだが、水道の栓を回すカラスにはいっこうに出合わない。

そもそも、今回の弘明寺公園だって、カラスはいっぱいいるのに、水道の栓を回すのは、たったの1羽、グミだけなのだ。つがい相手のオス、ヨウジなど、グミと一緒にいてグミが栓を回すところはいくらでも見ているはずなのに、自分では回すことができない。

各地のいろいろな水飲み場の水道

横浜市仲町台、せせらぎ公園

横浜市中区、横浜スタジアム前

横浜市都筑区、徳生公園

横浜市金沢区、称名寺

逗子市桜山の小さな公園

横須賀市久里浜の小さな公園

海外の例

では、海外ではどうなのだろう。公園あるいはそれに近いところは、どこの国や地域にもある。そこには必ず水飲み場があって、水道の栓を回せば水が出る。ハシボソガラスは、日本からアジア、ヨーロッパ大陸を経てイギリスにまで広くすんでいる。ハシブトガラスだって、東アジアや南アジアの広い範囲にふつうにすんでいる。この2種に限らなければ、黒いカラス（分類上のカラス属＝*Corvus* のカラス）は、南極や南アメリカなどを除けば、世界中にいる。

にもかかわらず、カラスが水道の栓を回して水を飲んだり、水浴びしたりという報告は見当たらない。crows、tap water、drinking、bathing などのキーワードを入れてグーグルなどで検索しても、はっきりした例はほとんど出てこないのだ。

だが、ただ1つ、中国広東省《かんとんしょう》茂名市《もめいし》のカラスの例が YouTube に出てくる。掲載日は2020年8月26日。

羽毛が乱れ、また画像があまり鮮明でないので不確かだが、カラスはハシボソガラスあるいはミヤマガラスのように見える。道

2次元コードをスマートフォンで読み取ると、公開されている動画にリンクします。

沿いの赤レンガの壁に横付けされた粗末な水飲み場。地表面から水道までは1・5メートルほど。蛇口は下向き、カラスは横向きのレバーの上に乗り、レバーをくちばしで何度か強くたたき、下に流れ出る水を飲む。ただし、このカラスは、ペットとして飼育されているもの。放し飼いされているようだ。

それにしても、鳥を観察する目の多い北米やヨーロッパでは、関連の話題は出てこない。もし見られれば、インターネットなどに出てくるはずだ。やはり、カラスが水道の栓を回して水を飲むという例は、世界的に見てもきわめてめずらしいことのようだ。栓を回して水を浴びるという例にいたっては、日本以外にはまったくない。

犬はどうやって水を飲む？

話を横浜の弘明寺公園に戻そう。ついでながら、のことなのだが、公園には犬の散歩に訪れる人がいる。犬連れの人の多くは、広場の水場で犬に水を飲ませる。さて、犬は水をどう飲むか？　答えは簡単。自分では栓を回さない、回せない。飼い主が下の水道、蛇口が下を向いている水道の栓を回して水を飲ませるのだ。

私はその様子を見ていて、変な話だが、ちょっと優越感を味わう。繰り返しになるが、

犬は、人が栓を回して出した水を飲む。

犬は自分では栓を回して水を飲めない。人が回して出した水を飲む。からだのつくり、とくに口や足の形状などからして、あたりまえといえばあたりまえなのだが、犬よりカラスの方が、少なくとも水を飲むことについては、はるかにすぐれている。

それを目の当たりにして、うれしく思うのだ。私は根っからの鳥類学者、なのかもしれない。

6章

技を身につけるまで、そして悲しい結末

どうやって栓回しを始めたのか？

世界的にもめずらしい、カラスによる水道の栓回しと水飲み、そして水浴び。弘明寺公園のメスのハシボソガラス、グミは、どのようにしてこの行動を身につけたのだろうか？　想像するしかないが、いくつかの状況から次のような筋道が考えられる。

▼公園には、犬を散歩させる人、景色を眺めに散策する人、ベンチに座ってのんびり過ごす人など、数多くの人が訪れる。そうした人の中には、ドバトやカラスに餌を与える人が少なくない。常連の人もいる。したがって、この公園のカラスは人をあまりおそれない。

▼広場に来た人は、しばしば、水飲み場の水道の栓を回して水を飲む。蛇口の向きから、上の水道を使うことが多い。人おじしないカラスは、人が水道の栓を回して水を飲むのを、近距離からふつうに見る機会がある。

▼そうこうするうちに、とくに暑い日の喉が渇いたときにでも、カラスは自分で栓を回すようなことを試みたのではないか。

▼最初は、ちょっと突くくらいのことだったろうが、水がちょっとでも出ると、それでも喉をうるおすことにはなったに違いない。

▼しかし、この栓回しは、だれもができたわけではないだろう。人のやっていることを見て、その仕組みを理解するひらめきのよい個体、また、うまくいかなくても何度も繰り返し、よりよい結果を生み出す学習能力のすぐれた個体であったはずだ。

▼栓を回して水を飲むのに成功した個体は、この場所で水を飲むことができるという利点を得ながら、栓を回すことを続けていったのだろう。

▼そうした過程で、栓を回して出す水は、浴びることにも役立つことを知ったのではないか。

▼その後、飲むときには少量の水の方が都合よく、浴びるのには大量の水の方がよいことを学ぶ。それに応じて、飲むときには、栓の取っ手の内側をちょこんと突き、浴びるときには、取っ手のへりをくわえてぎゅっとひねることを学習したのだろう。

▼どのへりのどの部分を突くか、あるいはひねるかを習得するのには、おそらくいろいろな試行錯誤があったに違いない。

あるいは、ひょっとすると最初は、3つある取っ手のどれか全体をくわえ、回そうとしたのかもしれない。栓の表面はメッキされており、取っ手は先の方が細めになっているので、くわえてもすべりやすい。うまく回せなかった可能性が高い。

それでも強引に回せば、水が噴き出たかもしれない。それは浴びるのには都合よかったろうが、飲むのには適していなかった。が、ともかく浴びることと飲むことの両方を、一緒にやった可能性もある。その後、飲むときと浴びるときで、栓の回し方を変えていったのではなかろうか。

いずれにしても、こうした筋道の中で、ひらめきがよく学習能力の高い個体というのが、そう、メスのグミだったことになる。繰り返しになるが、オスのヨウジはいつもグミのそばにいて、グミが栓を回すのを何度も見たはずだ。なのに、自分では回そうとしない、回すことができないでいる。

グミとヨウジのつがいは、水飲み場のあるこの広場をおもな生活の場にしている。したがって、人が栓を回して水を飲むのを見る機会は多かったに違いない。そのため、このつがいから、栓を回す個体、グミが出る可能性も高かっただろうと想像される。

だが、近隣にすむほかのハシボソガラスやハシブトガラスにも、人が栓を回して水を飲むのを見る機会はあったはず。グミが栓を回し始めてからは、それを見ることもあっただろう。にもかかわらず、だれも栓を回すことはできていないのだ。同じことを見ていても、それをまねることのできる個体とできない個体がいる。それは人でも同じ！　おそらく、グミは、特別にひらめきと学習能力のすぐれた個体なのだろう。「天才」と言ってもよいのではなかろうか。

天才は、やたらあちこちにはいない。あるとき、ある場所にひょっこり現れる。グミ以外で栓回しを始めたカラスは、そうした地域の天才であったのではないかと思われる。だが、栓の回し方や出す水の量を変え、飲むことと浴びることの両方をこなすようなことはしていないので、能力の程度はグミほどではないだろう。

しかし、疑問は残る。日本では何例も栓回しの行動が観察されているのに、広い世界の中で見られている例は、ごくごく限られている。中国の広東省の例くらいだ。いったい、これはどういうことなのか？　日本にだけ天才ガラスが多いということか？　世界には、日本ほどかしこいカラスはいないのか？　まあ、そんなことはないだろう。

この点はもっと調べてみる必要がある。たとえば、野外の水道は世界に数えきれないほどあるのだが、国や地域によって栓の形などはさまざまだ。カラスの手（くちばし）に負えない形状のものも多いだろう。力の強い欧米人のいる地域では、栓の閉まりが強く、カラスが簡単に回すことができない水道だってあるだろう。あるいは、栓を回すカラスは見つかっていないだけで、じつはそれなりにいるのかもしれない。インターネットなどがあまり普及していない地域では、見られていても情報が表に出てこない可能性がある。

グミが消えた！

弘明寺公園で観察を始めて50日ほどが過ぎた。季節は進み、木々の若緑が美しい。4月28日（土）午後2時過ぎ、広場に到着。ベンチで観察の準備を整える。双眼鏡を握る手が少し汗ばむ。カメラは動画モード、すでに電源オンの状態。

時間が過ぎていく。しかし、2時間ほど経っても、グミたちが姿を現さない。おかしい。姿を現さない、というより、かれらの気配が感じられない。長い時間付き合っていると、実際に見ることはなくても、かすかな声や動きのようなものを感じとることができる。あるいは、声や動きがない場合でさえ、どこかにいるという気配が感じられる。それがないのだ。

巣の中を見わたせる場所に移動する。巣には、すでにかえっているひながいるはず。4、5日ほど前に確かめている。まだ赤裸のひななので、親鳥がおなかの下で温めてやる必要がある。グミがいるはずだ。

しかし、巣の中にグミがいない。ひなもいない。どうしたことか。

不安な気持ちを抱えつつ、ベンチに戻る。10分ほどして、オスのヨウジが姿を見せる。広場の木々にとまるが、地上や水場には降りようとしない。やがて、どこかに消えていく。

顔なじみの地元の人に話を聞いてみる。2、3日前にカラスのひなが1羽、水飲み場近くの地面に落ちていた、まだ羽毛の生えていないひなだったとのこと。常連のほかの人が拾ってどこかに埋めたそうだ。毎日のように犬の散歩にくる、70代の男性2人からも話を聞く。ここ数日、グミの姿は見ていないとのことだった。

どうやら、グミは捕食にあったか何かして、亡くなってしまったようだ。温めてくれる親鳥を失って、ひなも死亡した。つれあいのヨウジは、妻を失い、でもその現実を受け入れられないためか、あちこち動きまわっているようだ。

捕食されたのだとしたら、襲ったのはだれだろう。可能性があるのは、近くにすむオオタカだ。ときおり、広場に姿を見せていた。巣でひなを温めるグミを、上から襲ったのかもしれない。つかんでもち去ったために、グミの死体が見られないということなのか。

午後6時、グミのいなくなった広場は、ひっそりとしていた。

その後、何度も公園を訪れたが、グミらしいカラスの姿を見ることはなかった。常連の知人にたずねても、見かけた人はいなかった。

その後の公園

同年9月1日　午後1時30分、蝉しぐれ。強い日差しが広場の地面を照らす。

4、5羽のハシボソガラスが水飲み場で水盤に残っている水を飲んでいる。上下どちらの水道も、水盤にはわずかな水しかたまっていない。カラスは、上下のくちばしの合わせ目が浅い水面につくように、頭とくちばしを横向きにして水を飲む。そうしなければ、水が口の中に入りにくい。栓を回そうとするものは1羽もいない。

30分後、1羽のカラスがやってくる。下の水道の下向きの蛇口の先端にくちばしを近づけ、すするようにして飲んでいる。はっきりしないが、様子からヨウジのように思われる。栓を回してくれるグミはもはやおらず、わびしさが伝わってくる。

おもわず、ヨウジの気持ちをおしはかって一句。

妻逝きて　わびしきなかに　夏すぎぬ

お世辞にも、うまい句だと言えないことは承知のうえだが、あえて解説。「妻を亡くした。今は栓をひねって水を出してくれるものはいない。わびしい想いのなか、夏がすぎ去ろうとしている」と、いったところ。気持ちは伝わってくる？

下の水道の蛇口にくちばしをつけて
水を飲むヨウジ。

帰路、道行く男性が、広場の入り口付近でカラスに餌を与えていた。10羽ほど、ハシボソ、ハシブト両方が入り混じって食べていた。ときおり、追いかけ合い。餌を食べつくすと、群れは消滅。ただ1羽、おそらくヨウジと思われるカラスが残り、近くのスダジイの枝にたたずんでいた。

通行人がばらまいた餌に群がるカラス。

学会での発表、大きな反響

この年、2018年の9月。私はこの一連の観察結果を、新潟大学で開かれた日本鳥学会大会で発表した。水を飲むときと浴びるときで水道の栓の回し方と出す水の量を変えること、栓を回せるのは特定のメスの1羽だけであること、などに焦点をあてて話した。発表のスライドの中には、飲むときと浴びるときの行動の違いを示す動画もふくめた。

予想通り、聞いていた学会員はおどろき、大きな関心を寄せたようだった。動画が映し出されたときには、どよめきのようなものが感じられた。講演終了後には、何人かの知人が近寄ってきて、感想を述べてくれた。

「すごいですね、すばらしいです！」

すごい、すばらしい、のが、カラスのことなのか、私の発表なのかは不明！

別の人のひと言、

「おどろきました。カラスって、あそこまでやるんですね！」

やはり、称賛されるべきはカラス。

私はこの観察結果を、なるべく早い段階で論文にして発表したいと思った。残念ながら、栓を回すメスのグミは死亡してしまい、その後、観察が新たな展開を見せる可能性がなくなったから、というのが1つの理由。だが、グミが見せてくれた、いや、いろいろ教えてくれたカラスのすばらしい能力を、1日も早く、世界の多くの人に知ってもらいたい、というのが別の大きな理由だ。

論文は、翌年の2019年3月初め、イギリスの鳥類学専門誌『British Birds』の112巻3号（pp.167–169）に掲載された。簡潔明瞭を心がけた短い内容だったが、写真だけでなく動画も付けた。論文名は、

「Carrion Crow manipulating water taps for drinking and bathing」

日本語にすれば「飲水と水浴のために水道の栓を操作するハシボソガラス」ということになる。『British Birds』誌は1907年に創刊され、110年以上の長い歴史をもつ老舗《しにせ》の学術誌だ。

掲載後、多くの人からうれしい連絡があり、関心の高いことが見てとれた。だが、読んだ人から、自分も見た、といったような情報は寄せられなかった。

この論文の発表は、日本でも大きく報道された。まず、朝日新聞に掲載され、動画付きで同新聞の電子版でも紹介された。

これが引き金になり、新聞やテレビから取材が殺到した。とくにテレビの場合はすさ

まじく、同じテレビ局でも異なるいくつかの番組から取材があった。とりあげられた番組の総数は、1週間で地方のものをふくめて40ほどになる。この間、私は多忙をきわめ、夜の11時過ぎまで取材を受けることにもなった。

その後、さらにおどろくべきことがあった。少し長くなるが紹介しよう。

翌2020年の1月1日、NHK BSの人気番組「COOL JAPAN」の新春特集「世界が驚いたニッポンのNEWS」でのことだ。この番組では、いろいろな外国出身の人を対象にアンケートを実施し、前年のトップニュース25をランキング形式で発表する。私は事前に「横浜の水道ガラス」の話題が登場することは知らされていた。が、何位になるかは知らなかった。結果、なんと第5位にランクインしたのだ。

世の中には、芸能からスポーツまで、おびただしい数のニュースがあふれている。1年間となればなおさらのこと。まさか、そんな中から「横浜の水道ガラス」の話題が、これほど上位に入るとは思ってもいなかった。25位から始まった時点で、まあ、せいぜい20位前後かな、と思っていたのだが、いつまで経っても出てこない。10位を過ぎたころには、まちがいだったのでは？　その後、企画がひっくり返ったのでは？などと思っていた。自分でもほんとうに、まさかと思う結果だった。

番組では、私が撮影した水飲み・水浴びの動画とともに、私へのインタビューも紹介された。たしかに、カラスが人間の作り出した水道を巧みに操って、水を飲んだり浴びたりするというのは、誰にとっても衝撃なのだろう。国内外の多くの人に知ってもらうことができ、とてもうれしかった。

ちなみに、自分で言うのもなんだが、この動画は非常によく撮れている。近い距離から思いっきり拡大し、くちばしの先が栓の先端内側を突く様子を撮った瞬間など、見ていてぞくっとする。

グミ、いろいろ教えてくれて、ほんとうにありがとう！

第

2

部

かしこいカラス、こまったカラス

〜ニュースなカラスの「事件」の真相〜

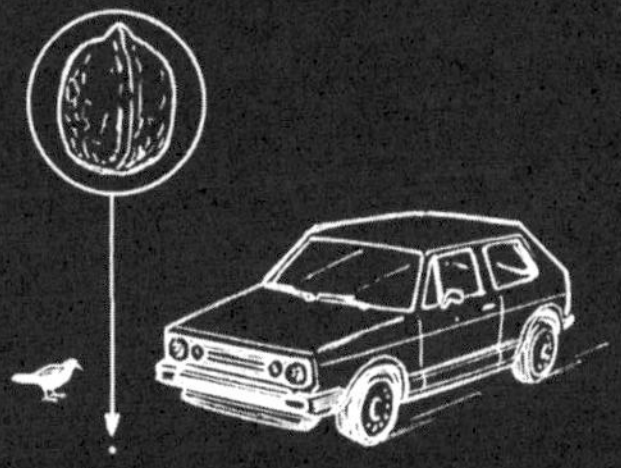

これまでは、カラスによる水道の栓回しのおどろきの様子を、実況をまじえながらくわしく紹介した。

カラス、先にも述べた分類上のカラス属の黒いカラスは、この例以外にも、いろいろかしこいことをする。それはときに、信じられないほどすごいものだ。一方、カラスは、かしこさゆえに、こまったこともあれこれする。これらのカラスが見せるかしこい、またはこまった行動は、とかく新聞やテレビのニュースになる。一般読者からの情報も、少なからずあるようだ。カラスはいつも人の身近にいて、人目につく。何か「変なこと」をやっていれば、話題になりやすいのだ。

ここからは、そんなカラスの注目すべき例、「ニュースなカラス」の「事件」の真相に迫る。前の章までの水道ガラスにならって言えば、車利用ガラス、ビワガラス、置き石ガラス、石鹸ガラスなどの実態に迫ることになる。

7章 車を利用したクルミ割り

どんなこと？

まずは「車利用ガラス」の話題。私が25年以上にわたってかかわっていることがらだ。もっとも途中、何度かあいだが空いている期間はある。研究の舞台は、東北地方の宮城県仙台市と秋田県秋田市だ。最近は秋田で観察することが多い。

カラスが自動車を使ってクルミを割る、という話を始めると、いきなり、えっ、カラスって車を運転するんですか？と切り返されることがある。そうではない、さすがにカラスと言えども、車を運転することはない。車にクルミをひかせて、ぐしゃっと割らせるのだ。

これは見ていて、すごい、じつにおもしろい！

順を追って説明しよう。日本の山野には、オニグルミというクルミの木が生えている。東北地方の大きな河川沿いなどには、オニグルミの木が多数見られ、秋になるとたくさんの実をつける。カラスはこの実が大好き。好みの脂肪分がたくさんふくまれているからだ。実の7割ほどが脂肪分からなっているとのこと。秋から冬にかけての重要な食物になる。保存がきくので、貯えてあとになってとり出して食べる「貯食」にも好都合だ。しかし、クルミの実は堅い殻に包まれている。市販されているカシグルミを思い浮かべていただければ、クルミの堅さはわかるだろう。だが、オニグルミはそれよりさらに堅い。ハンマーでもなければ割れるものではない。そこで、カラスはその殻つきの実をくわえて飛び立ち、高いところから落とす。落とす場所は、道路や駐車場、川原の砂利の上などだ。まあ、これで割れることもあるが、割れないことも多い。

このひどく堅いオニグルミの実を、一部のカラスは車にひかせて割る。車の通りそうなところにクルミを置き、割れると道路に出ていって、砕けた実を食べるのだ。きっちりと仕事をこなしている、という印象がある。水道ガラスの例と同じように、人が作り出した機械（この場合は大型機械！）を使って、おいしいものを手に入れるのだ。

車を使ってクルミを割るこの行動は、仙台や秋田のほか、北海

2次元コードをスマートフォンで読み取ると、動画をご覧になれます。

道路にクルミを置くハシボソガラス。撮影：鈴木三郎

道の札幌市や函館市、あるいは東京の立川市などにすむカラスでも見られている。もっとも仙台と秋田、函館を除けば、時期になればいつでも見られるというわけではない。記録されている多くの場所では、たまにしか見られていない。あるいは1回きり。

伝えるのが遅れたが、このクルミ割り行動を見せるのは、カラスの中でもハシボソガラスだけだ。どこの地域でも、ハシボソ、ハシブト両方いても、ハシブトの方は絶対にやらない。この点は、あとでまた取り上げる。

人が思うほど、簡単なことではない

カラスたちは、きっちりと仕事をこなし

置いたクルミが、通り過ぎる車のタイヤから微妙にずれている。

ているように見える。が、じつは路上にクルミを置いて割るというのは、人が思うほど簡単なことではない。タイヤの幅は限られているし、走る車が常に道路上の同じ位置を通り過ぎるわけではないからだ。

カラスは路上にクルミを置くと、近くのガードレールや電線の上などで割れるのを待つ。クルミがなかなか車にひかれないと、路上に降りて位置を少しずらす。これはさすがにカラス、たいしたものだ。この辺でいいかな、とでも言いたげに首をかしげる様子が、なんとも人間くさい。それでも、なかなか割ってもらえないこともある。5回、6回、あるいはそれ以上位置をずらしても、うまくいかないことも。

秋田では、微妙なところでタイヤにかか

らず、位置変えを30分以上もやっているカラスがいた。それでも、結局うまくいかずに、あきらめてしまうこともある。が、おもしろいことに、うまくいかず、やけになって（?）くちばしではじきとばした実が、たまたまそこを通り過ぎた車にひかれた例もある。不幸中の幸い。

そんなとき、カラスはどうするか？　路上に飛び出していって、砕けた実をガツガツと食う！　気持ちがよく表れている。

車にひかせて割るのが、思うほど楽なことではない別の問題もある。そもそも、道路に出ていってクルミを置くという行為そのものが、危険をはらんでいる。もたもたしていれば、自分がひかれてしまうことにもなりかねない。車が通りすぎる様子を見守り、適当なタイミングを見はからって路上に出ることになる。それは、なかなかむずかしいことなのだ。

実際、車にひかれてしまうこともある。大けがをした例、死亡してしまった例、いくつかある。便利さと危険は、常に表裏一体なのだ。

車にひかれた例で、ちょっと違った話だが、つがいのきずなを感じさせる例を述べておきたい。仙台での例だ。交通量がそれなりに多い直線道路でのこと、1羽のカラスが道路に出てきた。クルミを置こうとした瞬間、1台の乗用車が先を行く車を追い越そうとして速度を速め、カラスをかすめた。この瞬間は命を落とすことにならずに済んだが、その直後、後続車と衝突。路上に投げ出され、即死。

すると、つがいの1羽が飛んできて、死体のそばに降り立ち、いかにも「どうしたの？　だいじょうぶ？」といった様子。まわりをうろうろ歩き、なかなかその場を離れない。ときおり、くちばしでからだを軽く突いたりする。「死」を受け入れられないのか？

そもそも、鳥にとって、カラスにとって「死」はどのように認識されているのだろう。車はあいかわらず、次々に通り過ぎていく。危険ではあったが、つれあいはしばらくそのままだった。水道ガラスのグミたちにも見るように、カラスのつがいのきずなは深い。

人の手からクルミをもらって使うカラスも

秋田では、地元の鈴木三郎さんと一緒に観察、研究している。鈴木さんは頻繁に現地を訪れ、観察を続けている。観察対象となっているカラスの中には、鈴木さんにすっかり慣れてしまっているものもいて、鈴木さんの手からクルミをもらい、それを車にひかせる。

なかには、ちゃっかりしているものもいる。鈴木さんから手渡されたクルミを、まず庭の植木の根もとなどに隠す。あとになってから取り出して食べるためだ。1つもらうとまたやってきて、もう1つちょうだい、といったそぶりを見せる。与えると、今度は道路にもっていって車にひかせる。堅実な生き方をしている、と言えそうだ。

もっとも、自分でクルミを調達するカラスも、秋に樹上や地上で手に入れた実を、あちこち、さかんに隠す。それらの実は、食物が不足しがちな冬の重要な食糧源になる。「貯食」の習性だ。

手からクルミをもらうカラスは、さらにおもしろい行動を見せる。手持ちのクルミのなくなった鈴木さんが車まで取りに行くと、ひょこひょこついていくのだ。再びクルミをもらうと、また隠したり車にひかせたりする。人の行動をきっちりと読みとっている、と言える。このカラス、私にはそれほどなじんでいない。多くの場合、腰を引きながら近づいてきて、クルミをくわえとるとすばやく飛び去っていく。ちょっと嫌味《いやみ》だが、つき合いが浅いので、仕方ないのだろう。

なお、野生の鳥に人が食物を与え続けると、人にたよりっきりになってしまうなどの問題が生じる。私たちはそれを考慮して、限られた時に、限られた数だけを与えることにしている。調査している個体だけを対象にして。

停まっている車の前に置くすごい鳥

一方、困難を克服して、車をもっと積極的に使うカラスもいる。仙台での例だ。赤信号で停まっている車の前に出ていき、クルミを置くのだ。このカラス、特定の個体なのだが、青信号で車が流れているときには、実をくわえたまま、付近で待機する。信号が赤に変わって車が停まると、待ってました、とばかり車の方に歩いていき、なんと、タイヤの前にクルミを置く。

置いたあとは、近くの柵の上などで、信号が青に変わって車が動き出すのを待つ。少し心配げな様子を見せることもあるが、クルミはタイヤのすぐ前に置いてあるので、心配無用。百パーセント、割れる。すばらしい知能！　見ていて、おそれいってしまう。人との共存、こんなによいことはない！　カラスにとっては。

しかし、ここで、ちょっと問題が起きる。信号が青に変われば、車は走り出す。クルミは割れるが、食べている余裕はない。どうするか？　だが、このカラス、度胸も人一倍。悠然と、砕けた実を食べ続けるのだ。実を割った車は発進できず、あるいは仙台の人はやさしいのか、車を停めたまま。カラスが食べている少しのあいだ、待っている。しかし、この車はよいとして、後続車はなんで発進しないのかわからない。停まってい

赤信号で停まる車の前に出ていき、タイヤの前にクルミを置くハシボソガラス。撮影：中瀬潤

る車の前の様子、カラスが何をしているのかなど、見えないからだ。

もちろん、ある時点で、カラスは食べることを、運転手は待つことをやめる。どちらが早いかは状況次第。で、騒動は幕引きとなる。

だれもが行なうわけではない

車にクルミをひかせる行動は、ハシボソガラスの一部の個体でしか見られない。1つの地域の中でも、少数個体だけが行なう。私が観察した仙台の例だと、観察していた15羽のうち、車にクルミをひかせるのは4羽ほど。秋田の例では、7羽のうち2羽だけだ。

人の手からクルミを受け取る秋田のカラスの例では、車を使うのはつがいの一方、オスだけだ。マガリと名づけてある。このマガリ、割れたクルミのところにつがいのメス、スミがやってくると、つばさを広げて立ちはだかり、足で蹴ったりする。ときには追い払おうともする。そんなことをされても、スミは自分では決して、車にクルミをひかせようとはしない。

何をどこまでやるかについても、個体差がある。車の動きを見ながらよい位置を見定め、すぐに成功するものがいれば、何度置き直してもうまくいかないものもいる。あきらめるタイミングも、個体によってさまざまだ。路上に出るのをためらって、電線の上から落とすものもいる。

こうした個体差の中には、年齢や経験の違いもふくまれているだろう。仙台で観察を行なった足立泰啓さんは、成鳥とその年生まれの幼鳥で、行動にどのような違いがあるか調べている。この研究では、車利用だけでなく、空中からクルミを落とす方法も調べられている。その結果によれば、幼鳥が車を利用するのは観察されていない。上空からクルミを落とす場合、落とす高さが、成鳥は10メートルほどなのに、幼鳥は1〜3メートルほど。もちろん、低すぎて割ることはまずできない。

ちなみに足立さんは、私のいた東京大学の研究室で、修士課程の研究として仙台のカラスの行動研究を行なった。その後NHKに入社し、現在はあの人気番組「ダーウィンが来た！」のエグゼクティブ・プロデューサーを務めている。

もう少し、個体差の話を続けよう。赤信号で停まる車の前にクルミを置くのは、仙台の東北大学構内にすむ特定のつがいの個体だ。しかも、やはりつがいの中でも一方だけ。残念ながら、この鳥が観察できた期間は限られていたので、性別はわからない。この個体は観察期間の途中で消失、おそらく死亡した。その後、現在に至るまでの20年ほど、同じ行動を見せるカラスは現れていない。

秋田のハシボソガラスのなかには、交差点を頻繁に利用するものがいる。しかし、この個体、赤信号で停まる車の前に出ていって、タイヤの前にクルミを置くことはない。じつはこの個体、意地悪ガラスのマガリなのだが、路上に何度置いてもなかなか成功しない。停まっている車は何台もあるのだから、そのうちの1台のタイヤの前に置いたらどうなんだ、と思うのだが、そうはしない。2年以上観察しているが、置く位置や方法などについても改善は見られない。

函館では、北海道教育大学の三上修教授らのグループが、車を利用したクルミ割り行動を熱心に観察している。数羽が車利用行動を見せているが、やはり、個体によってクルミの置き方がいろいろ違っている。交差点を使う例も少なからずあるが、車のタイヤの前にクルミを置く行動は観察されていない。

広い範囲で見ても、タイヤの前にクルミを置くようなカラスは、きわめてまれなのだ。

どうやって車にひかせ始めたのか？

この疑問に答えるのは難しい。しかし、いくつかの状況から次のようなことが考えられる。

仙台や秋田では、川沿いや道路沿いにオニグルミの木が多数ある。たとえば道路沿いの場合、樹上からクルミが路上に落ちるのはめずらしくない。落ちた実は、車にひかれることがある。それを見て、その場に居合わせたカラスが「そうか、車にクルミを割らせることができるんだ」と気づく。で、自分でクルミを路上に置いて試してみることを始めたのではないか。

一方、前にも述べたように、ハシボソガラスは、上空からクルミを落として割ることもする。クルミをくわえて飛び立ち、上空でぱっと放ち、落下するクルミとともに急降下する。急降下するのは、地表面ではじけるクルミを見逃さないためだ。この行動は、車利用と比べれば、ずっと広い範囲で見られる。落とす場所は、道路や駐車場などのコンクリートの上など、硬いところだ。割れることもあるが、割れないことも多い。割れなかったとき、たまたま走ってきた車がクルミをひいていくことがある。当のカラスはそれを見て、やはり、車にクルミを割らせることができることに気づく。で、自分でクルミを路上に置いてみた、といったこともあり得る。

どちらの可能性も、もっともらしい。1つの地域で両方が並行して始まったこともあるだろう。

しかし、ではなぜ、限られた個体でしか車の利用が見られないのか？　そこには、カラスの個性が関係している。車がクルミを割っていくのを見て、だれもが「そうか、車にクルミを割らせることができるんだ」と気づくわけではないだろう。また、気づいたとしても、自分で路上に出ていってクルミを置くことを始める個体も、そう多くないだろう。

車にクルミをひかせるためには、車にクルミを割らせることができることに気づくかしこさ、ひらめきのよさが必要だ。同じことを見ても、じきにそれをまねる個体もいればぼーっとして何もしない個体もいる。人間の世界も同じ。また、車が通りすぎる路上に出ていってクルミを置くという、勇気というか度胸が必要だ。このかしこさと度胸を合わせもった個体だけが、車の利用を可能にするのだろう。

信号で停まっている車の前に出ていってクルミを置いた「信号ガラス」は、とてもひらめきのよい、しかも度胸のすわった個体であったに違いない。「水道ガラス」のグミと同じく、天才ガラスと言ってよいだろう。天才はまれにしか現れない。繰り返しになるが、「信号ガラス」は、仙台だけでなくほかの地域でも、ここ20年以上にわたって現れていない。

もっとも「信号ガラス」が天才ガラスでも、信号そのものを見て行動しているわけではないだろう。信号の色が変わって車が停まったり動いたりする、車の動きを見ながら行動しているのに違いない。

車を利用して堅い木の実を割る行動は、アメリカのカリフォルニアなど、海外のいくつかの地域でも知られている。しかし、多くは不完全な観察にもとづいている。空から落として割れなかった木の実を、車がたまたまひいていった例などがふくまれている。日本の東北地方などで見られる例は、これまで見てきたように、まぎれもなく車を利用する行動だ。

道路もカラスも堅い実のなる木も、世界中どこにも存在する。であるにもかかわらず、車を利用する行動が日本のカラスでしか見られないというのは、不思議と言えば不思議。じつに注目すべきことだ。理由はどうあれ、日本のハシボソガラスは、世界に誇るカラスと言ってよい。イギリスやフランス、カナダのテレビ局や映画会社などが、わざわざ映像を撮りにくるほどだ。

自動車学校で練習したのち、一般道路へ！

個体の能力以外にも、車を利用したクルミ割り行動に影響する要因がある。環境や地域の特性だ。いくら能力があっても、条件が整っていなければこうした行動は現れないし、発達しないだろう。

仙台や秋田で見ていると、車を利用するカラスは、ある共通した環境にすんでいる。どんなところか。3つの特徴がある。1つは、クルミの木が多数ある場所だ。多数あれば、カラスはそれらを頻繁に利用できる。上空から落としたクルミが、たまたま車にひかれることも多くなる。道路沿いにクルミの木が多数あれば、自然に路上に落ちた実が車にひかれることも多くなる。ようするに、学習や経験を積む機会が多い場所ということだ。

2つめ。車にクルミをひかせるカラスの多くは、車が停車する交差点や、徐行するカーブ、急な坂、ロータリーなどを利用している。こうした場所では、自分が車にひかれる危険が少なく、クルミの実を置きやすい。割れた実を食べに路上に出るのにも都合がよい。安全が重視される場所を選んでいるようだ。

3つめ。2つめとも関係するが、カラスは適度な車の交通量がある場所を好む。適度な交通量とは、路上にクルミを置いてから割れるまで、カラスが長く待つことがない程度に車の行き来のある状態。また、クルミを置きにいくときも、割れたクルミを食べにいくときも、カラス自身がひかれることのないような交通量のことでもある。仙台での足立さんの調査によれば、カラスが車を利用する場所は、1時間当たりの車の通過台数が500台ほど。車を利用しないところでは200台ほどだった。

カラスは、このような条件の場所を選んで路上にクルミを置いている。そのような場所で車の利用を可能にし、技術を磨くことができている、と言ってもよいだろう。さらに言うなら、よりよい条件のところを「なわばり」として占有する個体が、技術をより向上させることができるということだ。

この点は、幼鳥が親鳥から車の利用について学ぶことにもあてはまる。よい条件のところにすむ親鳥に育てられる幼鳥は、学習の機会がより多くなる、ということだ。もっとも、幼鳥が親鳥から学習しているような現場は、あまり観察されていない。

さて、このようにすぐれた条件を満たす最良の場所、それは自動車学校だ。実際、仙台でカラスによる車の利用行動が始まったのは、花壇《かだん》自動車学校というところだ。この自動車学校は広瀬川沿いにあり、川のほとりにはオニグルミの木が多数生えている。カラスは、河原から自動車学校にクルミを次々にもってきて、道路に置く。車の走る構内には、カーブや交差点のようなものがいろいろある。交通量も「適度」だ。運転する側も、多少、心に余裕があるからか、クルミが車の走る位置から少しずれていても、わざわざ方向を変えて割っていくようなこともする！　とくに、教官にその傾向がある。

こうしたすぐれた条件があったからか、ほかでは1990年前後からカラスの車利用

仙台市内にある花壇自動車学校。

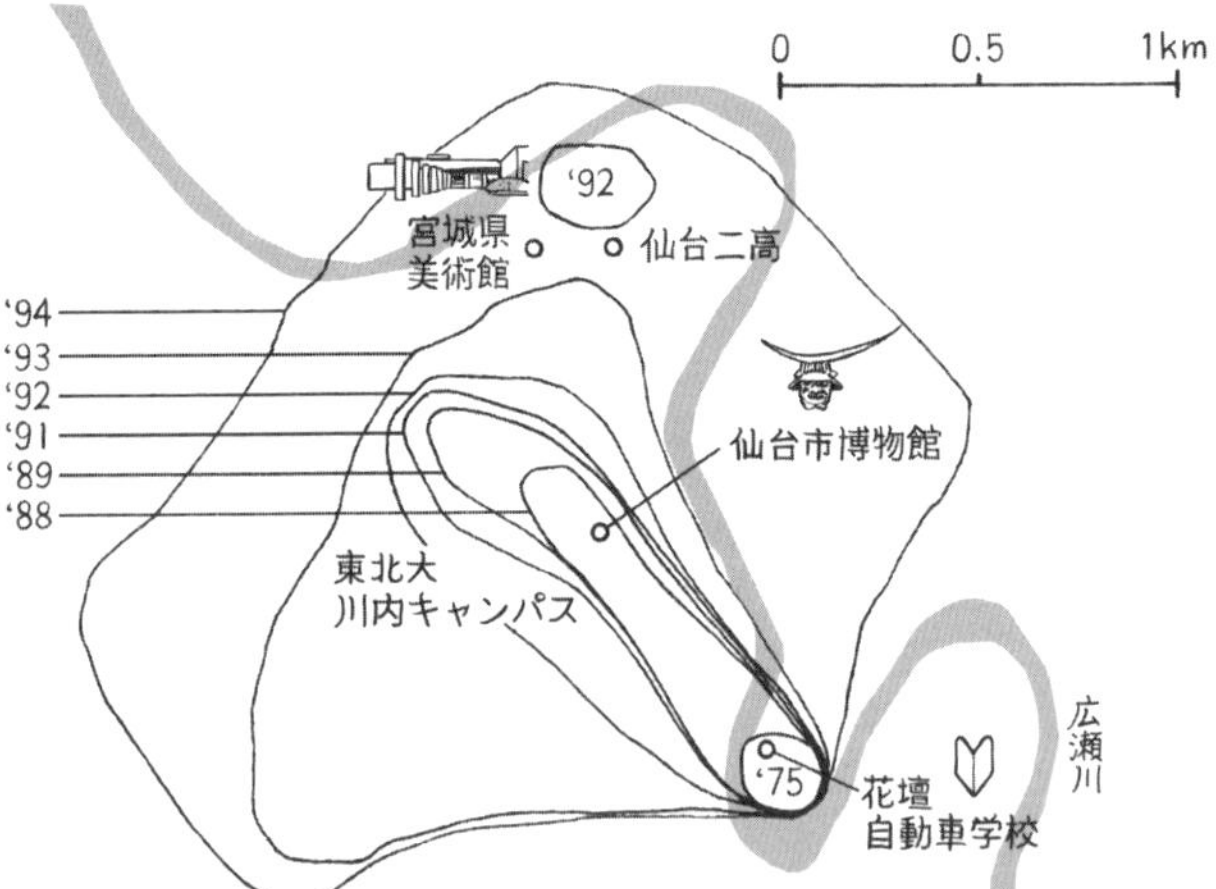

自動車利用行動は 70 年代の花壇自動車学校から始まり、
次第に周辺地域に拡がっていった。イラスト：竹田嘉文

が始まったのに、この自動車学校では1970年代から見られている。まるで、自動車学校で十分練習を積んだのち、一般道路に出ていったかのようだ。これまた、なんとも人間くさい話だ。

参考までに、仙台での自動車利用の始まりや場所の特徴、発達過程などは、当時、東北大学の教授であった仁平義明先生と私で調べた。仁平先生は、心理学を専門にする研究者。調査には、野外観察以外に、学生や教職員、一般市民などを対象としたアンケートを利用した。路上にクルミを置いて車にひかせようとするカラスの行動は、だれの目にもとまりやすい。おかげで、多くの方から回答をいただき、興味深い結果を得ることができたのだった。

「天才ガラス」は単なる無謀なカラス？

これまでは、能力やすむ環境の違いに焦点をあてながら、車利用のあり方について見てきた。しかし、ここでは、少し違った角度から考えてみたい。

たとえば、車の利用がつがいの一方でしか見られないこと。秋田の例を紹介したが、同じことはほかの地域でも見られている。仙台では、車を利用する行動が見られた7つの場所すべてで、車利用を見せたのはつがいの一方だけだったという報告がある。一方の個体しか車を利用しないのは、その個体しか能力がないからだ、というのがこれまでの話。しかし、カラスはつがいでくらしている。一方の個体がやればそれでよいのでは、とも考えられる。

実際、つがいがくらす行動範囲の中でも、車利用に都合のよい場所は限られている。同じ場所で一緒に路上にクルミを置くというのは、意味がないように思われる。混乱が生じることもあるだろう。車利用にこだわらず、上空から落とす方法だってある。それぞれが、それぞれの技術を磨けばよいのでは？　カラスのつがいのきずなは深いし、どちらの方法にしたって報酬は共有できるはず。能力の違いはあまり関係ないのかも。

たしかに、そうかもしれない。ただし、きずなが深いとはいえ、例の「意地悪マガリ」のような例もある。繰り返して言えば、マガリは、メスのスミが割れたクルミにやってきても、前に立ちはだかったり、蹴ったりする。夫婦が常に円満とは限らない。今後、多くの個体を識別しながら、個体の動きや能力、あるいはつがいのあり方について観察を重ねていく必要がある。

もう1つ、つがいのことを考慮せずとも、車利用が限られた個体でしか見られない理由。これについても、能力以外の違った見方が可能だ。それは、この行動が期待するほど効率のよいものではないから、多くの個体がやらないだけ、というもの。位置を何度変えても、クルミはなかなか車にひかれない。あきらめてしまう例もあるし、命の危険だってある。ちょっとした試算をしてみると、上空から落として割るのと比べても、使う時間やエネルギー量、成功率、安全性などから見る効率に大差はない。

実際、仙台でも函館でも、同じ個体が車利用と空中から落とす方法の両方をやっている例がある。どちらを先にやるかも決まっていない。同じ地域にすんでいても、一方の方法でしかやらない個体もいる。どちらもそれなりに生きている。

つまり、車利用は、クルミを割るのにとくにすぐれた方法ではないために、発達しにくいのかもしれない。発達しにくいということは、行なおうとする個体が限られる、ということだ。

では、タイヤの前にクルミを置くような個体はまれ、ということはどうなのか。やはり、この個体は、ものごとの前後関係をすばらしくよく理解する天才なのではないのか？

だが、この場合、車がクルミを確実に割ることはあっても、その場で砕けた実を食べるのはきわめて危険。なにしろ、青信号になって車は発進しつつあるのだから。勇気というか度胸は認めるが、それは命の危険をはらんでいる。そんな危険なことをわざわざする必要はない。あるいは、無謀な行動をする個体は命を落とし、無謀な性質をもつ個体の遺伝子は残らない。したがって、めったに現れない、ということなのかもしれない。「天才ガラス」は、単にまれにしか現れない無謀なだけのカラスなのかもしれないのだ。

ちょっと、話の展開が変わって気落ちしそうな気配になってきた。だが、興味深い内容をふくんでいることはまちがいない。今後、やはり個体識別した多数の鳥を対象に、とくに幼少期から継続して、行動を観察するような研究が必要だろう。使うエネルギー量などから見る効率についても、くわしい評価が必要だ。個体差やすんでいる環境の違い、危険をおかすマイナスの効果などもきちんと考慮して。

いずれにしても、人が走らせる大型機械、車に堅い木の実をひかせて割るような動物は、カラス以外にいない。動物界広しといえども、だ。しかも、カラスの中でも、タイヤの前に実を置いて確実に割らせる「信号ガラス」のような個体は、きわめてまれなのだ。それが日本で記録されている。それ自体すごいことであり、感動させられるのだ。

ハシブトは車を利用しない

話を少し戻そう。すでに述べたように、カラスのなかでもハシブトガラスは車利用を見せない。ハシボソガラスのそばにいて、ハシボソのやっていることを見ていても、決して自分から車にクルミをひかせることはしない。ではハシブトは、ハシボソよりも能力が劣るのか。いやいや、そうでもなさそうだ。

観察していると、ハシブトは、ことの成り行きを見ていて、車がクルミをひいていったあと、路上に出ていく。そこでハシボソを追いやり、砕けたクルミを横取りすることがあるのだ。ハシブトは、ハシボソよりも体が少し大きく、力関係では優位にある。また、高いところから、周囲のものごとの成り行きをじっくりと見つめる習性をもっている。

繰り返しになるが、道路にクルミを置くことは、それなりに危険をともない、自分が車にひかれて命を落とすこともある。ハシブトは、危ないことはハシボソにやらせ、文字通り、おいしいところだけをいただいている、のかもしれない。ある意味では、ハシブトの方がよりかしこい、ズバッと言えば、ずるがしこい、のかもしれないのだ。

ここで、一つ余談。東大時代に同僚の先生たちの前で、カラスの車利用の話をしたときのこと。私の話が終わって、質問の時間になった。ある教授がこう言った。

「東北大のカラスが車を使ってクルミを割るのに、東大のカラスは、どうしてそれができないのですか？」

みな、くすっと笑った。東大の先生は、自分たちだけでなく、同じ場所にすむカラスにまですぐれた面を求めるのか。東大のカラスは、知的な面で東北大のカラスに負けるようなことがあってはならないのか。

しかし、東大のカラスが車を利用しない理由ははっきりしている。東大をふくめて都心にすむカラスは、ごく少数を除いてハシブトガラスだ。ハシブトは、車を使ってクルミを割ることはしない。東大のカラスは、ハシブトだからクルミを割るようなことはしないのだ。東大のカラスは、決して劣っているわけではない！ 質問をしてくれた教授は、ちょっと安心したようだった？

東大の本郷キャンパスにはクルミ、正確にはオニグルミの木がない、というのも理由の1つだが、それは本質的な問題ではない。市販のカシグルミを与えるようなことをしても、東大のカラス、ハシブトガラスは、車にひかせるようなことはしないからだ。だが、まだすっきりしない気持ちの人もいるだろう。そもそも、なぜハシブトガラスは車を利用しないのか、という疑問が残っているからだ。

ひょっとして、苦労の割に実入りが多くないような車利用は、ハシブトにとって試みる必要のないことなのかもしれない。細かな行動をふくむ車利用は、大胆な行動を見せがちなハシブトには向いていないのかも。あるいは、ハシブトは用心深い性質をしっかりもっていて、命の危険をおかすような行動は発達させないのかもしれない。だが、こ

人に踏んづけさせ、クルミを割らせようとしているハシボソガラス。秋田市。撮影：武藤幹生

れらのことがらは確かめようがない。車を使おうが使うまいが、（カラスの）勝手でしょ、と言われそうな気もする。

　残念ながら、今のところ、ハシブトガラスが車を利用しない本当の理由はわからない。

踏んづけガラス、現る！

　この話題で最後にもう1つ。秋田では最近、人にクルミを割らせるハシボソガラスが現れた。この地でやはり長年カラスの観察を続けている、武藤幹生さんからの情報だ。歩いている人の足元にクルミを転がし、踏んづけて割ってもらうというのだ。

　これまた、とんでもないカラスだ。特定の1羽のカラスのようだが、「協力してくれそうな」人をめがけてやっているとのこと。だが、「協力してくれそうな人」とは、いったいどんな人なのか？　いつから、どういうきっかけで始まったのか？　興味は尽きない。この行動、あまり頻繁には見られないようだが、今後の観察の展開が楽しみだ。と、書いていたところ、残念ながらこのカラス、その後の消息が不明、との連絡が……。そのうちまた現れることを願いたい。

カラスの生きざまには、ほんとうにおどろかされるものがある。

8章 カラスがつくる都心のビワ園

不思議な場所に生えるビワの木

木々の緑がすっかり濃くなった6月、東京の山手線に乗る。窓の外の景色に目をやると、黄色い大きな実をつけた樹木がところどころに見える。ビワの木だ。樹木全体にびっしりと実がついている。どんなところにあるのか、ちょっと気をつけて見てみる。個人宅をふくめて、建物の敷地内だけでなく、敷地の外に出ているものや、線路ぎわなどに生えているものもある。えっ、どうしてこんなところに!? と思うものも少なくない。

住まいの近くの住宅地を散策する。やはり、ところどころ、庭以外の道ばたや川べりなどにも、黄色い実をつけたビワの木が生えている。いったい、どういうことか？

こうした「おかしなところ」に生えているビワの木は、おそらく、カラスがばらまいた種子から芽が出て生長したものだ。敷地の外や線路ぎわなどに、わざわざビワの木を植える人はいないだろう。また、ほかにも、そんなことにかかわる動物は見当たらない

線路沿いのビワの木。東京都品川区。

道ばたのやぶの中に生えるビワの木。神奈川県逗子市。

からだ。

毎年、このビワの時期になると、このことが気になってしょうがない。そこで、思い切って調べてみることにした。2013年の6月のことだ。東大や慶應大の学生や研究員に話したところ、おもしろそうだということで、10名ほどが協力してくれることになった。対象地域は、山手線の両側それぞれ50メートルほど。担当区間を駅単位で決め、区間ごとに生えるビワの木の生育状況を調べた。ちなみに私は、品川から五反田を経て恵比寿までの区間と、新橋・有楽町間を担当した。

調べるにあたっては、ビワの実がなる6月に、まず電車の中から黄色い実をたよりにあたりをつけておき、のちに歩いて位置を確かめた。これは楽しい調査だった。ふだん歩くことのないような地域を、ビワの木を目当てにのんびり歩くのだ。

その結果、いろいろ興味深いことがわかった。たとえば、ビワの木は山手線の北半分ほどに多くあった。区間でいうと、上野と鶯谷のあいだに最も多く、次いで目白と池袋のあいだに多かった。と、細かいことを書いても、土地勘のない人にはあまり意味がないだろう。全体をまとめて言うと、山手線沿いには117本のビワの木があり、そのうち37本、約32％が線路脇などの「おかしなところ」に生えていた。この3割強のビワの木が、カラスによって拡げられたものと考えられる。

もちろん、都心にはもっとずっと多くのビワの木があるだろう。今回は山手線沿いの限られた範囲しか調べていない。範囲を広げれば、山手線の内側だけでも、今回数えられた数倍のビワの木があるに違いない。そして、そのうちの3割ほどが、「おかしなところ」に生えているのではなかろうか。

ビワをどう拡げるのか

しかし、本当にカラスが拡げたものなのか、疑問をもつ人も多いに違いない。少しきちんと説明しよう。

カラスはビワの実が大好きだ。ビワの実が黄色く熟す時期、東京をふくむ関東南部では5月下旬から6月上中旬ころ。1本のビワの木に10羽前後のカラスが集まることもある。枝葉のあいだを動きまわりながら、1羽が1つ、2つと口に頬ばる。悪く言えば、よほど食い意地が張っているのか、えっ、そんなにくわえるの、と思うほど、次々に口の中に入れる。

くわえた実は、外側のやわらかくておいしい果肉だけを食べる。茶色い大きめの種子は吐き出す。いくつもくわえた場合、どうやって種子だけ吐き出せるのか、遠くから見

ビワの実に群がるハシブトガラス。東京都文京区。

ているだけではわからない。まとめてもぐもぐやって、やわらかい果肉は胃へと送り込み、種子だけ一緒に吐き出すのか。いずれにしても、種子が胃の中を通って、おしりから出ることはない。

ビワの種子は発芽率が高い。やがて、多くは芽を出し生長する。親木のまわりには、落ちた実の種子から芽を出した幼樹が、たくさん生えていることもある。東大に在職中、興味深いできごとに遭遇した。地下鉄千代田線の根津駅から東大方面に歩いていくと、歩道の脇に並ぶ、放置された植木容器の多くにビワの幼樹が生えていた。植木容器というと聞こえがよいが、いわゆるブリキ缶だ。全部で10ほどある。放置される前には、パンジーか何かが植えられていた

道ばたのブリキ缶から芽生えたビワの幼樹。
どれも不自然な位置から生えている。東京都文京区。

のだろう。よく見ると、ビワの幼樹は、どの缶でもまん中ではなく、一方のへりに生えていた。

人が植えたものなら、几帳面《きちょうめん》な日本人のこと、まん中にきちんと植えるはず。最初のうちは、変だなぁと思いつつ、何気なく見ていた。が、あるとき、それが何を意味しているのかがわかった。

こういうことだ。歩道に沿って電柱があり電線が敷かれているのだが、カラスがその電線にとまってビワの実を食べていた。

ビワの実は、数十メートル離れた東大の構内からくわえてきたもののようだ。電線はカラスの食事の場所だ。見ていると、カラスが吐き出したビワの種子は、電線の下、ちょうどブリキ缶の中に落ちていった。しかも落下地点は、ブリキ缶の一方のへり、まさにビワの幼樹が生えている位置だった。電線の下に沿って並ぶブリキ缶のへりの幼樹は、電線にとまるカラスたちが吐き出した種子から生えたものだったのだ。

その後、さらに気づいたのだが、言問通りと交差する本郷通りでも同じようなことが起きていた。歩道に並ぶブリキ缶やプランターの中の、ちょっとおかしな位置にビワの幼樹が生えていた。やはり、その上には電線が走っていて、カラスがそこでビワを食べ、種子を吐き出していたのだ。

同じようなことは、ほかでも起きているに違いない。真下にブリキ缶やプランターがあればわかりやすいが、ない場合は地表面から直接、芽が出ることになる。カラスが親木から離れた場所で実を食べれば、人家や工場の敷地の外や、線路脇、川沿いで芽が出て生長することになる。山手線沿線の「おかしなところ」に生えるビワの木も、そうした過程で拡がったのに違いない。

それでもまだ疑問あり

しかし、まだちょっと疑問が残る。黄色く熟したビワの実にやってくるのは、カラスだけではない。スズメやメジロ、ムクドリ、ヒヨドリなどもやってくる。これらの鳥も、ビワの実にとりついてさかんに食べる。種子を運んでいることもあるのでは？

しかし、見ていると、これらの鳥はビワの実を食べるには食べるが、やわらかい果肉を突いて食い散らかすだけだ。種子をふくめて丸飲みにはしない。というより、できない。くちばしや口が小さいからだ。

少しくわしく知るために、ビワの実の大きさや鳥の口の大きさを測ってみた。ムクドリやヒヨドリの口は、ビワの実そのもの（31×29ミリほど）を口に入れるのには小さすぎ、種子（19×16ミリほど）をかろうじて飲み込むことができる程度のものだった。スズメやメジロの口は、どちらにしてもまったく小さすぎ。ムクドリやヒヨドリの場合も、果肉抜きで種子だけ飲み込むことはない。結局、ビワの種子を散布することには貢献しないことになる。

では、哺乳類はどうか？　タヌキやハクビシンだって、ビワの実を好んで食べる。これらの口は、十分に大きいではないか。たしかにその可能性はある。しかし、これらの哺乳類は、都心にいることはいるが、数はかなり限られている。ビワの種子を散布する主役にはならないだろう。

だが、まだ食い下がることは可能。人はどうなのか？　私をふくめて、人だってビワは大好きだ。あのさわやかな甘さ、ジューシーな舌ざわりはたまらない。5月から6月の時期にビワを食べることは、ごくふつう。食べるのも、家の中だけとは限らない。野外で食べたあと、種子だけぺっと吐き出せば、それがもとになって芽が出ることもあるだろう。「おかしなところ」から出ているビワの木は、そうしたものなのではないのか？ 否定はしない。そんなこともあるだろう。しかし、工場の敷地の外側や立ち入りできない線路脇などにあるビワの木は、やはり人の行為で説明できるものではない。そこをめがけて、よっぽど思いっきり、ペッと吹き飛ばさない限りは！ たぶん、それでも無理なところにもビワはある。

カラスは、その飛翔力を生かしてあちこち移動する。かれらにとっては、人間界の境界など関係ない。住まいや工場の外であろうと、立ち入り禁止の線路沿いであろうと、自由に行き来する。やはり「主犯」はカラスということになる。ついでに言えば、住まいなどの敷地内にあるビワだって、人が植えたものとは限らない。ご近所ガラスがまいた種子から芽を出し、生長したものもあるだろう。「あれっ、こんなところにビワの木が。植えてもいないのに」といったことがあるに違いない。

ついでの話。そんなカラス由来の庭のビワの実に、毎年ていねいに袋をかけ、おいしくいただいている人もいる。じつは、私の親族だ。

カラスがつくる「ビワ園」

都心には、カラスがまいた種子から生えてきたビワの木が多数ある、ということだが、この話にはまだ先がある。カラスの寿命はおよそ7、8年、もっと生きるものも少なくないだろう。条件さえよければ、ビワの木が実をつけるようになるのも7、8年。ということは、カラスが7、8年生きていれば、また同じ場所にすみ続けていれば、自分がまいたビワの種子から生えた木から、おいしい実をとって食べることができるということだ。

もちろん、カラスは植栽目的であちこち種子をばらまいているわけではない。が、結果として、カラスが自分のために、ビワの木々をあちこち増やしていることにはなっている。都心には、カラスがつくった「ビワ園」が拡がっているということになる。

ただし、カラスがばらまいたビワの種子のすべてが、発芽して生長するわけではない。発芽しても、いろいろな事情で消滅してしまうものも多い。だから、山手線沿線全体でも40本弱だけが拡がったのだろう。とはいえ、それだけのビワの木をカラス自身が拡げ、「ビワ園」をつくってしまったということは、やはりすごいことだ。

その背景には、都心にはカラスが多いということが関係している。都心にすむカラスは、くちばしが太く、からだが大きいハシブトガラスだ。どこに行ってもいるし、大きくて黒いから目立つ。世界広しと言えども、東京ほど黒いカラスがたくさんいる大都市はない。山手線沿線にカラスのビワ園が拡がっているのも、カラスがあちこちにいるからだ。

東京の都心は、カラスにとっては天国だ。あちこちで栄養豊富な生ごみならぬ「ごちそう」が手に入る。銀座などの高級レストラン街から出る「生ごみ」食材は、私が通常食べているものよりずっとよいものだ。都心のカラスは「グルメガラス」とでも言える。血糖値やコレステロール値が高くなっているのではないかと、心配になる。加えて、ビワの実などのデザートだって豊富に手に入るのだ。こちらは自分たちで植栽しているようなものなので、供給が滞ることはない。おそらく、東京のカラスは、世界中でいちばん豊かな食生活を送っている。

ほかにもあるカラスの「ビワ園」

都心に焦点をしぼって話を進めてきたが、カラスの「ビワ園」はほかにもある。おそらく、ビワの生産地として知られた地域には、まちがいなくある。ビワの生産地として名高い長崎、千葉、和歌山、兵庫、鹿児島など温暖な土地で調べてみたら、どうだろう。私は、瀬戸内海の淡路島に行ってみた。２０１３年6月のことだ。

淡路島は兵庫県に属し、瀬戸内海では最大の島だ。玉ねぎ栽培で知られるが、ビワの生産地としても有名。この地を選んで出かけたのは、インターネットでカラス、ビワで検索したところ、淡路島の様子が出てきたからだ。インターネットはほんとうに便利。こんなことまでわかってしまう。

慶應大の卒業生で淡路島に戻っている方の協力で、島内を見てまわった。たしかに、人の手になるビワ園は広範囲にあった。１つひとつの実には白い袋がかぶせられ、大切に育てられているようだった。が、同時に島のあちこち、道ばたであろうとやぶの中であろうと、野生の（とはいっても、ビワの原産地は中国南西部）ビワの木が黄色い実をつけていた。もちろん、袋などはかぶせられていない。

島の人たちは、それら野生のビワはカラスが拡げたものだと知っていた。

「カラスがね、ビワをくわえてもってっちゃうの」

「こまったことだけど、まあ、ある程度しかたないね」

カラスの「ビワ園」は、人がつくった正真正銘のビワ園に接してあったりもする。あるいは、ある地域全体に混然一体となっているようなところも。島全体が人とカラスの

淡路島のビワの木。カラスが拡げたものと思われる。

ビワ園になっている、といってもよいくらいだ。

だが、島の人が興味深い話をしてくれた。少なくとも最近は、カラスは人のビワ園のビワしか食べない、というのだ。いったい、どういうことか？　理由は簡単。栽培されたビワの木からなる実は、大きくておいしいのだ。大きさを測ってみると、栽培ビワは、野生ビワよりも1・6倍ほども大きい。しかも、種子の大きさはそれほど変わらない。未熟な時期に実の数を減らし、残りの実の果肉の部分を大きく生長させているからだ。カラスはそれを知っていて（もちろん、食べてみて、ということだ）、大きい方のビワに熱をあげているのだろう。なんということか！　だが、いかにもカラスらしい。

淡路島には、ハシブトガラスもハシボソガラスもすんでいる。これらのカラスは、都心のカラスとは違った意味で、ぜいたくなくらしをしていると言える。もっとも、ビワ農家の人にとってはめいわくな話だが。

ところで、ちょっと気になる話。ビワの実は、ハシブト、ハシボソ両方にとって好物なのだが、両者で食べ方がかなり違う。ハシボソは、ハシブトのように丸飲みすることは少なく、ほかの小鳥のようにくちばしで実をついばむことが多い。くちばし、とくにその先が細いことを生かして、表面の皮をむき、やわらかい果肉をおいしそうにつまむ。したがって、種子はその場で落ちてしまう。種子の散布にどれだけ貢献しているのか？

もっとも、くちばしの先で実をくわえて飛び立ち、少し離れた地上などで食べることもある。ハシブトほどではないにしても、それなりにビワを拡げることにはなっているのだろう。今後のくわしい調査が必要だ。

NHKのビワガラス・プロジェクト

このビワガラスの話は、国立環境研究所の吉川徹朗さんと一緒に論文にも書いた。吉川さんは、野外調査にも加わった共同研究者だ。論文以外にも、いくつかの書籍でおおまかな内容は紹介した。しかし、それほど大きな反響はなかった。

だが、最近になって、ＮＨＫ「ダーウィンが来た！」の取材班から連絡がきた。このビワガラスのテーマを、市民参加型の科学の代表例として取り上げたい、とのこと。一般の視聴者に呼びかけて「おかしなところ」にあるビワの木を見つけ、それがだれによるものなのかをつきとめてもらう、という企画だ。

早速、現在（２０２１年６月）その企画が進んでいる。ウェブサイト「シチズンラボ　植えたのは誰？　ビワ大調査」が立ち上がっている。プロジェクトへの参加呼びかけから始まり、どう調べるか、情報をどう伝えるか、などのコーナーができている。私は先導役。日本の各地から、いろいろな情報が寄せられている。企画は来年なかばまで続く。どう展開していくのか、とても楽しみだ。

2次元コードをスマートフォンで読み取ると、プロジェクトのウェブサイトへリンクします。

9章

カラスの置き石事件

さて、ここからしばらくは、「こまったカラス」の話題。もっとも、カラスにしてみれば、とくに変わったことをしているつもりはない。逃げ隠れするつもりは毛頭ない！理由を聞かれれば、「別にぃ」「私（カラス）の勝手でしょ！」と答えざるを得ないようなこと。が、人からすれば、迷惑千万！　でも、ちょっと憎めない、といった微妙なところの話だ。

線路に石を置く、野外の手洗い場から石鹸を盗む、神社からろうそくをもち去り野火を起こす、など。カラスは容疑者あるいは犯人としてあがるのだが、果たしてその真相は？　まずは、線路への置き石事件から始めよう。

置き石事件発生！

時は1996年5月、神奈川県横浜市内でのできごと。線路のレール上に石を置き、列車の走行を妨害する置き石事件が何度か発生。大事故には至らなかったものの、運行が大幅に遅延するなどした。当初、警官が張り込みをしていたが、犯人はなかなか現れない。そもそも、現場の線路に入るには、がんじょうな金網製の高いフェンスを乗り越える必要がある。そんなにしてまで、レールの上に石を置きたい愚か者がいるのか？

捜査を続けていると、なんと1羽のカラスがひょこひょこ現れ、レールの上に石をひょいと置いた！　えっ、カラス!?　こうして警察によって現行犯として認定されたものの、カラスを逮捕するわけにはいかない。また、捕まえようと思っても、相手は空飛ぶ動物。簡単には捕まらない。で、その後は、新聞やテレビをにぎわすことになる。「置き石事件の犯人はカラス！」「カラスなぜ置くの？　カラスの勝手でしょ！」といった見出しが飛び交う。

一応、カラス研究者としてそれなりに知られる私のもとには、取材が殺到。

「カラスはなぜ線路に石を置くんですか？」

「動機は何ですか？」

「石を置いて遊んでいるんですか？」

「どうしたら防げるんでしょう？」

「大事故になったら、だれが責任をとるんですか？」

と、質問攻め。最後の質問など、カラスに責任を負わせられないのなら、カラス研究者が責任をとるべき、といった気配さえ感じられる。

こまったことに、当時はそもそも、カラスがなぜレールの上に石を置くのか、まったくわからなかった。カラスをはじめ、鳥が石をくわえて何かするということは、ほとんど知られていない。わずかに海外の例として、ワタリガラスが近づく人に石をくわえて投げつけた、という例。あるいはエジプトハゲワシが、ダチョウの巨大な卵に石を投げおろして割っている、といった例くらいしかない。そして、これらの例はどれも、線路への置き石の理由につながるものではないのだ。

「有識者」である私は、どう答えたか？

「よくわからないけれど、レールの上に石を置いて遊んでいるのではないでしょうか？カラスはいろいろなことをして遊びますから」

取材はほかの関係者のもとにもいった。彼らはどう答えたか？　いくつか紹介する。

1. レールの上に石を置いて遊んでいるのでは？

2. レールの上に石を置いたときの音を楽しんでいる

3. 何かを隠した場所の目印にしている

4. 巣を壊した人間に対する仕返しをしている

少し背景をふくめて説明しよう。都市にすむカラスは、生ごみなどが豊富に手に入るため、多くの場合、食生活にこまることはない。「グルメガラス」とでも呼べる存在だ。食べものが豊富にあると時間に余裕ができ、目的も意味もない「遊び」のようなことを始める。たとえば、公園のすべり台ですべる、電線からぶら下がって体をくるりと回転させる、空中からものを落として空中でつかみ取る、などだ。カラスはこれらのことを繰り返しやる。そんなことをしてどうするのか、と思うのだが、本人たちは楽しんでいるようだ。そんな遊びの1つとして、光るレールに気持ちが惹かれて石を置いているのではないか、また置くことによって出る音を楽しんでいるのではないかというのが、私をふくめた1と2の意見だ。

一方、カラスは食べものがたくさんあると、それらをどこかに隠し、あとになって取り出して食べる習性がある。「貯食」と呼ばれる習性で、「車利用ガラス」のところでも紹介した。3はその習性と関連して、隠した場所の目印としてレールの上に石を置いているのではないか、という意見。なるほど、カラスはあちこちいろいろなところに隠すので、その位置をおぼえておくことは重要だ。目印があるのなら、わかりやすいに違いない。

4は何のことを言っているのか？　聞けば、少し前にJRの保線区の職員が、線路沿いの鉄塔にあるカラスの巣を、安全のために壊してしまったとのこと。カラスはそれに腹を立て、レールに石を置いて仕返ししているのではないか、という意見のようだ。ちょっと、なんとも言いがたい意見だが、これは有識者ではなく、JR職員によるもの。すなおな気持ちが表れている？

そんなこんなで、はっきりした理由がわからないまま、置き石事件は続いていった。すぐにでも行って確かめたい気持ちはあったが、ほかの仕事で忙しかった。また、見たいと願うことはなかなか見られないものだ、行ってもどうせ、たいしたことはわかるまい、という気持ちも積極さを失わせていた。

現地へ

だが7月中旬、さすがに「有識者」としての責任感がまさり、現地に出かけることにした。カラス研究者の森下英美子さんが同行してくれることになった。森下さんは当時、東大の私の研究室で研究員を務めていた（現在は、文教学院大学の研究員）。現地とは、横浜市栄区にある飯島跨線橋《こせんきょう》付近だ。跨線橋とは、線路の上にかかる橋のこと。

さて、現地についたものの、何をどう調べればよいのか、わからない。犯人はカラスとはわかっていても、カラスの行動は予測しがたい。まして、レールに石を置くことなど、簡単にやるはずもない。うろうろ、ぶらぶらしながら、電線の上などで休むカラスを双眼鏡で眺めていた。と、そんなとき、救いの神が現れた。

「カラスを見ているんですか?」

地元の飯島芳明さんという方だった。私たちの行動を見て、近づいてきたようだ。カラスを研究している者だが、置き石のことを知りたくてやってきた、と伝えたところ、意外な答えが。

「石を置くの、あのカラスなんですよ」

見ると、線路脇の畑を、首をふりふり、おしりをふりふり歩くハシボソガラスがいた。

「パンをね。もっていって隠すんですよ」

飯島さんが食べかけのパンをちぎって、線路沿いを流れる川のそばの路上にばらまく。と、1羽のカラスがさあ〜っと飛んできて、パンの切れはしをくわえる。そして線路へともち去り、敷石のあいだに隠したのだ。まるで、ことの真相を明らかにする映像の1コマを見るようだった。

じつは飯島さん、カラスによる置き石のもう1人の発見者だった。彼はなぜ、このカラスの行動を知ることになったのか？　飯島さんは鉄道ファンだった。当時、飯島跨線橋の付近は鉄道ファンの集まる場所で（今は住宅が立ち並び、そうではなくなっている）、飯島さんもその1人。このあたりを通過する列車の写真を撮っていた。よい写真を撮るためには、とぎすまされた観察力が必要。周囲の状況を、しっかりと見ていたのではないか。

そんなおり、飯島さんは、住民がパン切れを川のコイめがけて投げているのを目にする。たしかに、川の中には大きなコイがたくさんいる。見ていると、ばらまくパン切れは、川の中だけでなく、岸辺の路上にも落ちる。そこにカラスとドバトがやってくる。カラスはパン切れを食べるだけでなく、くわえて線路にもっていき、敷石のあいだに隠す。しかも、その前後、何かの拍子に石をレールの上に置く、というところを見てしまったのだった。

この「証言」は、もやもやしていた心の中を一気に晴らしてくれた。私たちのその後の観察は活気に満ち、真相の解明に大きな前進をもたらすことになった。

線路で石をくわえるハシボソガラス。撮影：飯島芳明

置き石の発生状況

さて、さらに真相に迫る前に、置き石事件の発生状況を見ておこう。置き石は、いつ、どんな状況で発生したのだろうか。情報を整理しておきたい。

カラスによる置き石は、6、7月に発生。6月8日から30日までの23日間で、警察当局やテレビ局によって7件の事案が確認された。その後、私たちおよび協力者が7月13日から31日まで約100時間の観察を行ない、2件の置き石を確認。6月から7月のあいだで、合計9件が発生したことになる。

時間帯は早朝と夕方が多く、置き石が見られた日は、ほとんどが雨や曇りの日だった。発生現場は、飯島跨線橋の周辺100メートルほどの線路区間に集中していた。飯島跨線橋は戸塚駅と大船駅のあいだにあり、下には横須賀線、東海道線、貨物線などが通っている。

5月から7月は、カラスが繁殖する季節。跨線橋の周囲には、いくつかのカラスがなわばりをかまえていた。なわばりをかまえ、その中で卵を産み、子育てをするのだ。カラスの様子をくわしく調べてみると、跨線橋をまたぐようにして、ハシボソガラスが1つがい。これに隣接して、戸塚駅寄りにハシブトガラス、大船駅寄りにハシボソガラスが、それぞれ1つがい。このうち、線路のレールに置き石するのは、最初の跨線橋付近のハシボソだけだった。となりの2つのなわばりのカラスは、置き石はしない。また、跨線橋のつがいでも、石を置くのはつがいのうちの1羽だけだった。

くわしい実態

100時間観察しても置き石は2例だけ、という状況は、観察するうえではつらいところだ。もちろん、あぶなっかしい置き石など、少ないほうがよいに決まっている。だが、ものごとのありようを探るうえでは、十分な観察が必要なのだ。

梅雨どきの蒸し暑いさなか、ときには明け方の4時半ころから日没近い19時ころまで、跨線橋の上から線路を見続ける。そんなにしても、ごくまれにしか見られない。日中、暖かな日差しが注いでくれば、うとうと、眠気におそわれる。まわりにはマスコミ関係者も多くいて、大きな映像カメラにしがみついている。そんな彼らも、ちょっと疲れ気味。眠気に誘われ、がくんと下げた頭がカメラにぶつかるような光景も。が、そんなときに限って、カラスはひょいと現れ、何かそれらしいことを始めるのだ。

こんなこともあって、私たちはくわしい観察事例を増やすため、マスコミ各社に残された動画を見せてもらうことにした。研究用にということで、なかには、報道に使われなかった映像を見せてくれるところもあった。おかげで、発生の状況やカラスの行動をよりくわしく知ることとなった。私たち自身の観察を加えると、置き石の真相は次のようなものだった。

まず、置き石は、2つの要素に分けられる。1つは、石をくわえ上げる部分、もう1つは、くわえた石をレールに置く部分だ。なぜ、①食べものでもない石をくわえ上げるのか、②なぜ、くわえた石をわざわざレールの上に置き、また置き去りにするのか、ということだ。

石をくわえ上げる部分は、救いの神、飯島さんからの情報がもとになっている。カラ

カラスが置き石するのを待つ報道陣。

スは、住民が川のそばでまいたパン切れを喉袋につめこんで、線路に飛んでいく。いったん、全部のパンを線路内の1か所に吐き出してから、ひとかけらをくわえて敷石のあいだに押しこむ。ここで、近くの石をくわえ上げ、パンを押し込んだところにかぶせて隠す。石は1か所に2、3個のせられることもある。カラスは、この一連の行動を何度も繰り返す。結果、そのたびに石をくわえ上げることになるのだ。

また、隠したパンは、あとになって取り出して食べられる。この時、カラスは隠し場所にかぶせた石をくちばしで取り除く。このときにもう一度、石をくわえ上げることになる。石をくわえ上げる理由は、これで明らかだ。

パン切れを拾う
敷き石のあいだに入れ
石で隠す
戻ってくる
石をどける
取り出して食べる

パン切れを線路にもっていって隠すカラス。イラスト：竹田嘉文

濡れて石にへばりついたパン切れ。

では、なぜ、くわえた石をわざわざレールの上に置くのか？ これはちょっとむずかしい。が、話を進めよう。6、7月はちょうど梅雨の時期で、雨の日が多かった。カラスが押し込んだパン切れは、雨にぬれて石の表面にくっついていることが多い。へばりついている、と言った方がよい。へばりついているのは、くわえ上げた石のこともあれば、押し込んだ先の石であることもある。いずれにしても、石にへばりついたパン切れは食べづらい。くちばしで突くと、石が動いてしまうからだ。

そこでカラスは、パン切れがへばりつく石をくわえ上げ、どうにかしようとする。しかし、線路の敷石は形がいろいろ。ぶ厚いものもあれば、ごつごつしているもののあってくわえにくい。しかも、かなり大きいし、重い。カラスといえども、くわえているのはつらい。そこで、ちょうど目の高さにあるレールの上に置く。レールは平らで物を置きやすい。へばりつくパン切れを食べるのに都合がよい。レールをテーブル代わりに使っている、と言ってもよい。

ちょっと違った例もある。パン切れを隠すとき、石をくわえてパン切れの上にかぶそうとするが、やはり重いか、くわえにくい。で、その石をひょいと目の高さにあるレールの上に置く。また別の例。石をくわえて移動中、くちばしにパンのかけらがくっついているのに気づく。気になったのか、石をくわえたままレールに乗り、石をレールの上に置いたのち、くちばしにつくパンのかけらをレールにこすりつけ、とって食べる。

まあ、なんともそれらしくもあり、どうでもよいようなことでもあるのだが、これが真相だ。これで、レールの上に石を置く理由（のようなもの）もわかる。そして、食べているあいだに、列車がやってくる、じきにカラスが飛び去る、石は置き去りになる。で、カラスの置き石事件発生！という筋書きになる。

少し付け加えておく。1つ、なぜパン切れを線路までもっていって隠すのか？ 線路は立ち入り禁止で安全、人などにじゃまされることがない。敷石がいっぱいあって、すき間にパン切れを隠しやすい、ということのようだ。2つめは置き石をする頻度。カラ

置き石事件が起きる仕組み

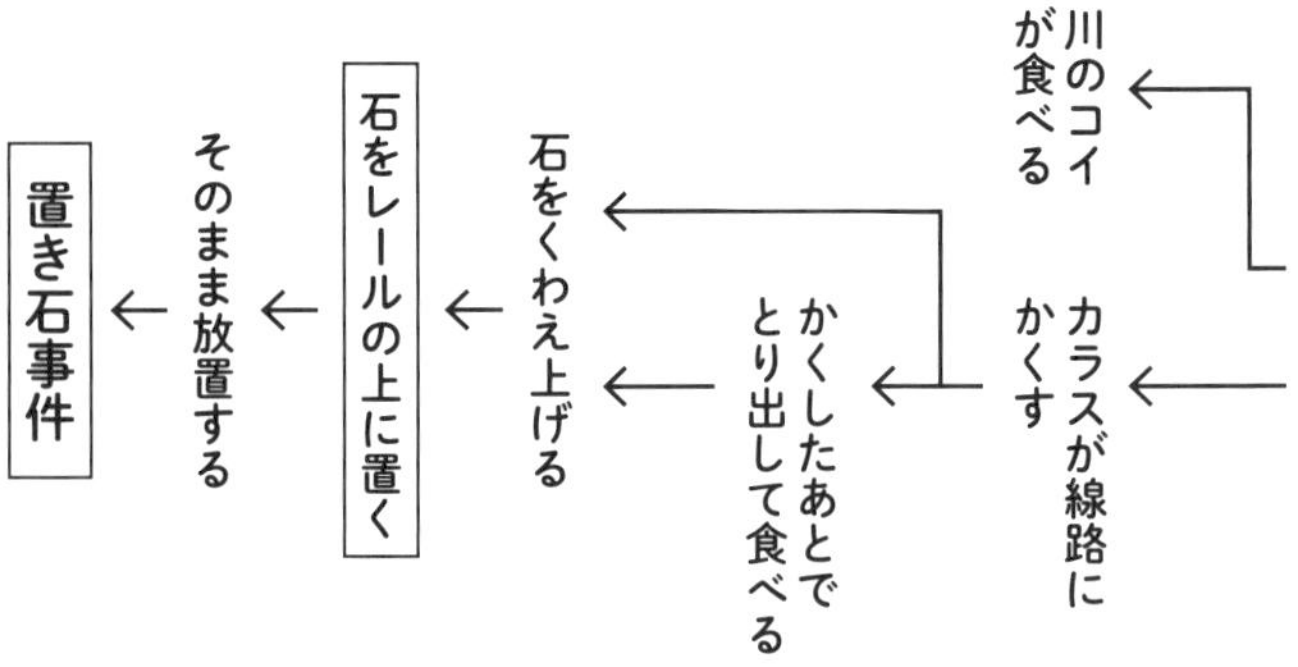
人がパンをまく
川のコイが食べる
カラスが線路にかくす
かくしたあとでとり出して食べる
石をくわえ上げる
石をレールの上に置く
そのまま放置する
置き石事件

スが石をレールの上に置くことはそう多くない。たとえば、私たちはカラスがパン切れを隠す、あるいは隠したものを取り出すのを50回以上にわたって見ているが、そのうち置き石に至ったのは2回だけだ。また、レール上に置いた石を放置するのはさらに少ない。マスコミの映像記録をふくめても、前後関係をきちんと観察できた4例中では1回だけだ。もちろん、観察によっても映像によっても記録されなかった例は、ほかにもある。だが、割合としてはそんなところではないかと思われる。最後の3つめ。石にへばりつくパン切れの件。自宅に戻って、石にパン切れをかぶせ、霧吹きなどでぬらしてみた。梅雨どきの天候を想定してのことだ。夕方だったが、翌朝にはしっか

りと石についていた。パン切れをはがそうとすると、多くが石についたまま残った。くちばしで突いて食べるのに、都合のよい状態ではないことが判明した。

置き石事件の解決に向けて

これまでの要点をまとめよう（右の図）。住民が、川のコイに与えるためにパンの切れはしをばらまく。だが、まかれたパン切れは、川の中だけでなく、岸辺にも散らばる。そこにドバトやカラスが寄ってくる。ドバトはその場でしか食べないが、カラスは食べるだけでなく、パン切れを線路に運んで隠して貯える。貯食の行動だ。

隠すとき、敷石のあいだに押し込んだパン切れの上に石をのせる。ここで1回、石をくわえ上げることになる。のちにパン切れを取り出して食べるときには、かぶせた石をとり除く。ここでもう1回、石をくわえ上げることになる。どちらの場合も、くわえ上げた石が重かったり、くわえにくかったりすると、くわえ直すためにレールの上に石を置く。雨でぬれて石にへばりつくパンを食べるのに、石をレールの上に置くこともある。レールの上面はカラスのちょうど目の高さにあり、平らで物を置きやすい。そうこうしているうちに、列車がやってくる。カラスは飛び去り、置いた石は置き去りになる。こうして、「置き石事件」が発生することとなる。

この一連の流れがわかったことにより、置き石事件を解決する道が開けた。置き石はカラスの貯食行動と深くかかわっている。貯食を引き起こさせないようにすれば、置き石もなくなるはずだ。つまり、カラスがやってくるような場所で、たくさんのパン切れをまくのをやめればよいのだ。実際、飯島跨線橋付近から離れたほかのなわばり内では、置き石は発生していない。人がパン切れをまくということが行なわれていないからだ。

この状況は、近隣の人たちのあいだでも認識されるようになり、パン切れをやたらまくことが自粛されるようになった。また、まく場合には、川の中にだけ投げ込まれるようになった。その結果、カラスがパンを線路内に運ぶことはなくなり、カラスによる置き石、そして置き石事件は見られなくなったのだった。

ほかの地域の置き石

しかし、カラスによるものと思われる置き石は、その後、ほかの地域でも発生した。東北や関東、九州など、日本のいくつかの地域で、最近でもときおり発生している。秋田では、新幹線の線路でも見られたという情報がある。九州では、10年ほど前、熊本、大分、福岡などのいくつかの地域で多発した。

線路への置き石は、人によるものもある。1か所にいくつもの石が置かれているような例は、人によるものだろう。一方、人が立ち入れないような場所の例は、カラスの可能性が高い。だが、人かカラスか区別がむずかしい場合もある。ともかく、現場をきちんと調べることが重要だ。

九州で多発している例は、新聞などで何度も大きく取り上げられた。列車が停止するような事態がいくつも発生し、かなり深刻な状態のようだった。私のところにも、取材があった。だが、遠い九州のこと、状況はよくわからない。そもそも、ほんとうにカラスの置き石なのか？　そんな疑問もあり、頼まれたわけではないが、出かけてみることにした。

熊本の現場を見てまわったところ、ここでは人による餌やりなどは行なわれていなかった。だが、それに代わる、置き石が起きそうな状況がすぐ目にとび込んできた。置き石は、線路沿いに養豚場があるような場所で起きていたのだ。ここでの置き石の「犯人」は、やはりカラスのようだった。

こういうことだ。養豚場とその付近には、ハシブトガラスやハシボソガラスが大集結、飛び立つと空が黒くなるほどだった。それもそのはず、養豚場では、豚の餌として固形の豆腐やおからが大量に与えられている。しかも、出入りは自由。多数のカラスが養豚場に入ってきては、豆腐やおからを食べ、またもち去っていく。もち去ったものの一部あるいは多くは、線路にもっていく。そこで、やはり敷石のあいだにつめ込んで隠し、貯えるのだ。あとは、横浜の状況と同じ。

その後、JR九州の職員とも相談し、対策を立てることにした。しかし、横浜の例にならって、餌やりならぬ養豚をやめてもらうわけにはいかない。養豚はこの地域の重要な産業だ。JRの職員は、線路にカラスのいやがるテグスを張ることにした。が、もちろん、列車の運行の妨げになるため、線路にまたがるように張るわけにはいかない。いろいろ工夫して、張ることになったようだ。

ここでは限られた滞在であったため、十分な相談はできなかった。しかし、関係者には1点、重要なことを伝えてきた。養豚場にカラスが出入りできないようにすることだ。経費はかかるが、技術的には十分可能なはず。

その後、連絡が途絶えたが、当地でのカラスによる置き石事件の話は伝わってこない。事件は収まっているのではないかと、願っている。ただし、私が訪ねた場所は限られているので、それ以外の場所でどうなっているのかは不明だ。

レール上への置き石は、列車の運行の大幅な遅れなどをもたらす。カラスによるものか、はっきりしないが、脱線事故に至った例もあるようだ。置き石は新幹線の線路上でも起きており、たいへん危険な状況にある。列車の速度が速ければ、衝撃も被害の程度も増幅される可能性が高いからだ。

カラスによる置き石への対策として重要なのは、現場をきちんと調べ、置き石が起きる仕組みを明らかにすることだ。仕組みがわかれば、対応も可能となる。何も調べずに、単なる思いつきだけでことを進めるのは、効果がないし、危険でもある。餌やりも養豚も関係ない場合もあるだろう。ひょっとして、ごみ問題がかかわっている現場もあるかもしれない。沿線にごみの収集所などがあれば、そこにカラスは集まる。袋の中においしいものが入っていれば食べ、もち去るだろう。もち去る先は線路ということになる。いくつか、そんな例があるような気がする。

仕組みは、簡単にはわからないこともあるだろう。しかし、そんなときでも、足を使って現地を何度も訪れることが重要。ここでも「現場百回」が基本だ。

置き石は、人命にもかかわる重大問題。ニュースなカラス、などと言っている場合ではないだろう。しかし、そこには人の行為や活動が深くかかわっている。カラスだけの責任ではまったくない。カラスは特別なことをやっているわけではない。人がもたらした条件のもとで、貯食をふくめてふつうの行動をとっているだけなのだ。

⑩章 石鹸を盗む

足を洗っている？

千葉県松戸市にある八柱《やはしら》幼稚園。雑木林と住宅地に囲まれ、静かな雰囲気。屋外の手洗い場から、固形の石鹸が次々に盗まれる。3週間ほどで、数十個にものぼる石鹸が消える。いったい、誰が？　警察も捜査に乗り出すが、事態は好転しない。2000年1月前後のことだ。

幼稚園の先生が、竹刀《しない》を持ち、物陰に隠れて犯人を待つ。しかし、いつまで経っても犯人は現れない。その後、事件は思わぬ展開に。業を煮やした園側が、防犯カメラをひそかに設置。そして、みごとに犯行現場を押さえたのだ。犯人は、カラスだった。ハシブトガラスだ。早朝7時近く、人気のない手洗い場。水道の蛇口の上に乗り、石鹸の入った赤い網袋をくちばしで破る。中の石鹸をくちばしにくわえ、飛び去っていく。一瞬のできごとだった。

この一件はその後、新聞に掲載され、私の目に留まることになる。カラスが石鹸を次々にもち去ることに、正直おどろいた。同時に、石鹸をどこにもっていき、何をしているのだろう、という疑問が湧いた。学生に話してみたら、「どこかで、足でも洗ってるんじゃないですか？」という反応。まさか！

よし、調べてみよう、とすぐに思い立つ。石鹸の中に追跡機器をしのばせ、カラスにもっていかせれば、その後の足取りを追うことができる。以前、国立森林総合研究所の田村（林）典子さんが、オニグルミの実に小さな発信機を付け、ニホンリスの貯食の行動を研究した例がある。それにならって調べることは可能なはずだ。

ということで、早速、松戸の幼稚園を訪問。調査の概要を話したところ、先方の先生方も同意。この当時、私は東大に在職中。研究室の学生や研究員、工学部の学生なども加わることになる。追跡機器としては、微弱な電波を発する小さな発信機と、位置測定の機能をもつＰＨＳ（携帯電話のシステム）を利用することに。工学部の学生は、このＰＨＳの設定などにかかわる。また、映像で記録を残すために、テレビ局の動物番組の取材班も加わることになる。

機器入りの石鹸をぶら下げる

準備は2002年の初めに開始した。まずは石鹸を用意。市販の白い石鹸で、同じ材質、同じ大きさのものだ。大きさは75×50×25ミリ、90グラム。この中に小さな発信機やPHSをしのばせる。発信機からは微弱な電波が出る。それを受信機でとらえる。微弱な電波なので、かなり近くでないと受信できない。そのため、あちこち移動しながら位置を探る。PHSはP-doco?miniという機種で、迷子になった幼児や老人などを探し出すために開発されたもの。通信ネットワークによって自動的に位置が特定される。通話機能はついていない。

追跡機器は石鹸をくりぬいて入れ、上から石鹸をかぶせてふたをする。機器をふくめた石鹸の重さは85〜90グラム、カラスの体重（600〜800グラム）の10〜15％になる。けっこう重いし、大きい。1つひとつの石鹸には、識別用に番号を刻んでおく（本書では簡略化し、A、B、C…と表記した）。追跡対象となる機器入りの石鹸は、合計11個。ほかに、何もしていない石鹸も50個ほど用意した。これで準備万端。

1月下旬、いよいよ実験開始。手始めに、何も入れていない石鹸で試す。手洗い場に石鹸を取り付ける。赤い網袋に石鹸を1つずつ入れ、蛇口の1つひとつにひもでぶら下

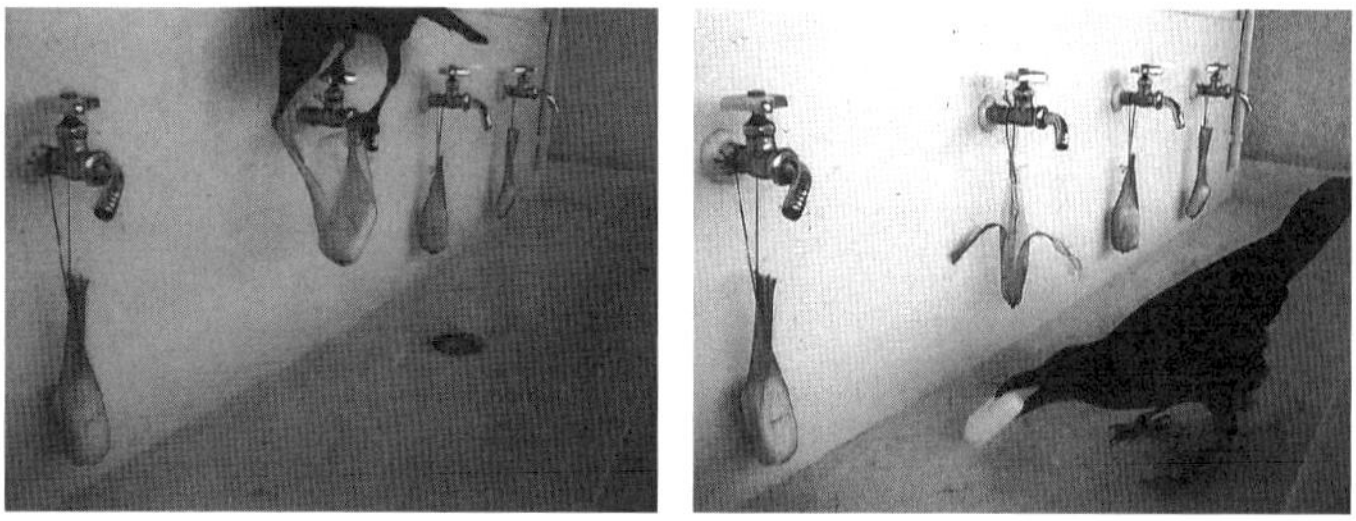

手洗い場から石鹸をもち去るハシブトガラス。
撮影：柴田佳秀

げるのだ。この赤い網袋は、ミカンなどを入れるもの。毎日5個から10個の石鹸をぶら下げる。映像を撮るために、近くにビデオカメラをセット。さて、どうなるか？

結果は良好だった。最初の2、3日はカラスにちょっと警戒されたのか、1日に1個か2個しかもち去られない。が、1週間ほど経つと、1日3～4個に増加。その後も次々に消えていく。ビデオカメラには、カラスが水道の上に乗り、くちばしで網袋を破り、下に落ちた石鹸をもち去る様子が映し出されている。90グラムほどもある石鹸をものともせず、ガバッとくわえて去っていく。見ていて、思わず、おおっと声をあげてしまう。

蛇口の上に乗ってから、網をスパッと切り裂き、石鹸をくわえてもち去るまでの時間は、32～45秒。あっという間の早業だ。

本格的な実験は2月に入ってから開始。機器をしのばせた石鹸をぶら下げる。準備期間を経たせいか、カラスは警戒することなく、初日からも次々にもち去る。3週間ほどで、機器を入れた11個、何も入れていない6個すべてが消失。結局、1月下旬から始めた5週間ほどで、取り付けた合計60個（！）の石鹸がもち去られた。このうち3例では、カラスが実際に石鹸をもち去る現場を目視で確認した。

石鹸はどこに？

「捜査は難航をきわめた」よく聞く言葉だ。だが幸いにして、今回は違った。多少の苦労はあったが、機器をしのばせた11個の石鹸のうち、9つが発見された。石鹸の位置を最終的に探るのには、竹ぼうきも役立った。だいたいの位置がわかったあと、その周囲をかき分け、石鹸を見つけ出すのに使ったのだ。

カラスはもち去った石鹸を、近くの林の草むらや落ち葉のあいだ、人家の庭先の植木鉢の下などに埋め込んでいた。埋め込んだあとには落ち葉などをかぶせ、外から見えないように隠していた。置き石のカラスの場合とどうようだ。探しあてた9つの石鹸は、すべて幼稚園の手洗い場から110メートル以内の範囲で見つかった。1つひとつ離れ

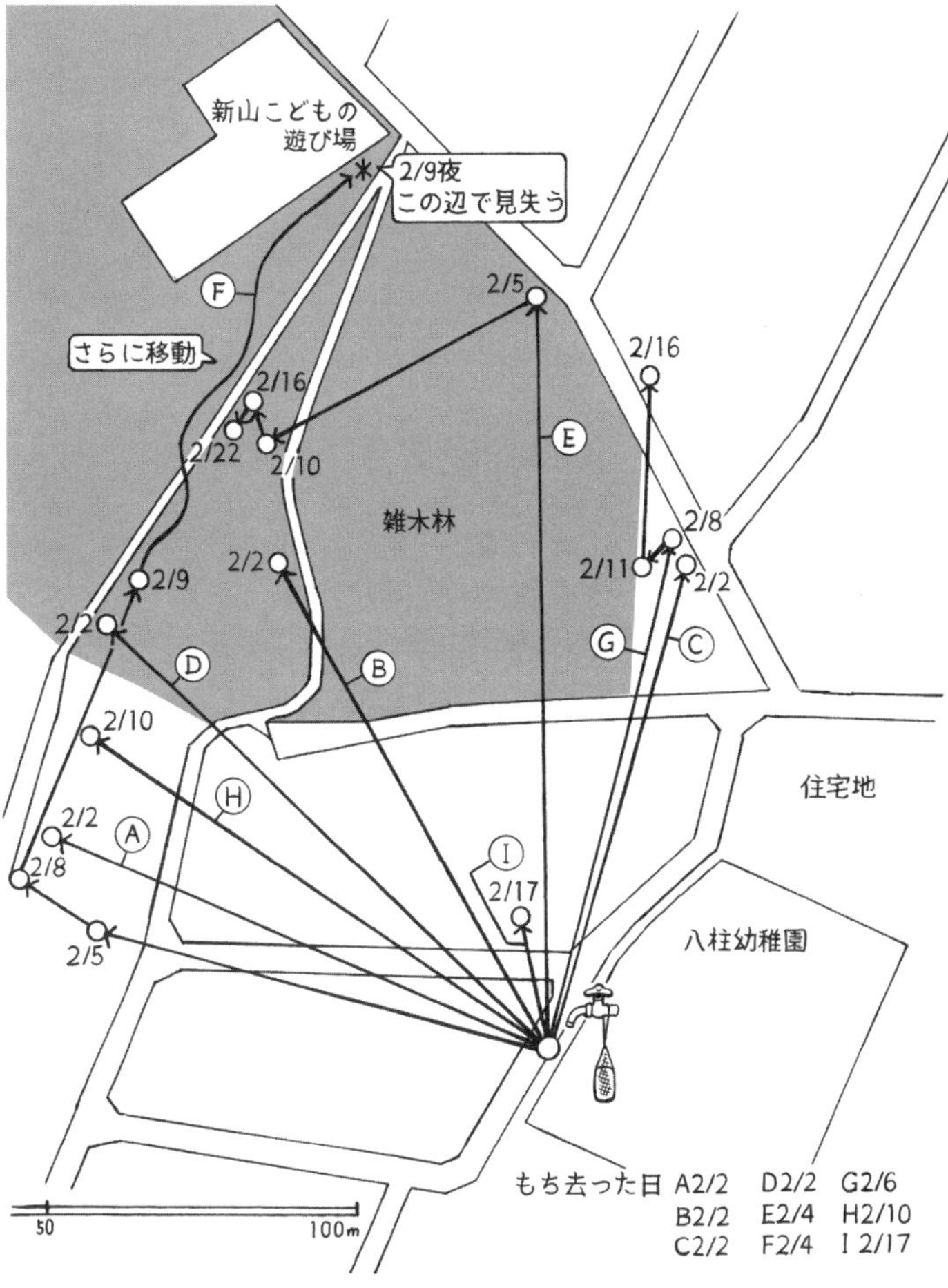

八柱幼稚園からもち去られた石鹸のゆくえ。2002年当時の地図にもとづく。
イラスト：竹田嘉文

た場所に隠してあった。

興味深いことに、カラスは隠した石鹸をときおり移動させていた。Gの記号をもつ石鹸は、2月6日に手洗い場からもち去られたのち、2月8日、11日、16日と小刻みに移動した。Fの石鹸は、2月4日にもち去られたのち、2月5日、8日、9日と位置を変えた。また9日には、同じ日のうちにさらに80メートルほども移動した。

しかも、石鹸の状態を確認してみると、日を追って少しずつかじられていることが判明。カラスは、石鹸をもち去って食べていたのだ。幼稚園以外の場所に設置していたビデオカメラには、実際にかじっている現場もとらえられていた。

こうして、事件の全貌が明らかになった。ところで、足を洗っている様子は？　まったくなかった！

1つだけ、わからないことがあった。何羽のカラスが石鹸をもち去ったのか、ということだ。個体識別していないので、わからないのだ。が、いろいろな状況からして、2羽あるいは3羽程度がかかわっているようだった。いずれにしても、群れでくるようなことはなかった。

幼稚園ではその後、人のいない時間に手洗い場に石鹸を置くのをやめた。また、カラスを警戒するようにもなった。その結果、カラスによる石鹸のもち去りはなくなった。

草むらに隠されていた石鹸。

カラスに石鹸がかじられていった過程。灰色の部分がかじられた痕跡。
イラスト：竹田嘉文

石鹸を好む理由

石鹸は、人をふくめて動物の食物になるものではない。人は、口の中に入れれば、おえっと吐き出してしまう。石鹸をかじるのが知られているのは、ネズミなどのごく限られた哺乳類くらいだ。

カラスはすごい。2、3羽が、5週間ほどで、60個もの大きな石鹸をもち去るのだ。好みの食料とみなしてよいだろう。試しに、松戸市内の住宅地や都内のビルの屋上に石鹸を置いてみた。カラスは目ざとく見つけ、石鹸にとりついた。吐き出すどころか、平気でかじり、口の中に入れていた。

石鹸は、牛脂、ヤシ油、オリーブ油などの動植物の油脂から作られる。化学合成された油脂由来のものもある。カラスはこの油脂分が目当てで、石鹸を好んで食べているようだ。カラスはとにかく油脂分が大好き。好みの肉やマヨネーズ、焼きそばなどには、油脂分がたっぷりふくまれている。石鹸は大きく、しかも腐らない。落ち葉のあいだなどに隠しておけば、時間が経っても食べられる。たいへん都合のよい食料なのだ。

もっとも、好みのものとはいっても、主食としてばりばり食べているわけではない。少しずつ、かじって食べているだけだ。カラスは雑食ではあるが、なんでも手あたり次第に食べているわけではない。その場所、その季節に得られる好みのものを選んで食べている。石鹸も、そうしたものの1つなのだろう。

ひょっとすると、石鹸は嗜好品のようなものなのかもしれない。なくてはならないものではないが、人間世界でいえばお茶や菓子、あるいはガムのようなもの。くらし、とくに食生活を豊かにするのに貢献するものだ。いかにも、カラスらしい話につながる。

日を追って石鹸を移動させているのは、なぜなのか？　おそらく、ほかのカラスなどにありかを知られ、食べられたりもち去られたりしないためだろう。長い期間にわたってその味を楽しむために、たいせつに保存、管理している、と言ったらよいだろうか。

ふろ場からもち去る例も

石鹸のもち去りは、東京や神奈川などのいくつかの地域でも観察されている。神奈川の相模湖周辺では、洗車場にカラスが頻繁に訪れ、液状のやわらかい石鹸の入る缶にくちばしを突っ込み、石鹸を食べていくという。結果、やわらかい石鹸の表面には、くちばしの跡が多数つく。考古学の研究者が働く発掘現場の多くでも、手洗い用に野外に置かれた固形石鹸が頻繁にもち去られるとのこと。

私は偶然にも、東大キャンパスの中、しかも自分の研究室から現場を見た。その日、私は研究室の机に向かって、石鹸をもち去るカラスのことを考えていた。窓の外の景色を眺めながら、カラスはいつから石鹸をもち去り、かじるようになったのだろう、などと、ぼおっと考えていたのだ。そんなときだった。1羽のハシブトガラスが、白い大きな石鹸をくわえ、視界の左から右へと飛び去ったのだ。機会があれば、つまり石鹸さえ手に入れば、いつだってもち去るのさ、とでも言いたげに。たしかに、東大の中にだって、外で手を洗う水場はあるだろうし、そこに石鹸は置いてあるだろう。

考えてみれば、カラスが身をもって示してくれたとおり、カラスによる石鹸のもち去りは、石鹸の発達とともにあったのだろう。石鹸を野外に置く習慣が今よりもふつうだった時代には、カラスはもっと頻繁に石鹸をもち去り、かじっていたに違いない。

今日、もち去る事例が限られているのは、野外に石鹸が置かれることが少ないからだ。と、ちょっとカッコよくまとめているのだが、ところがどっこい、なかには、すごく積極的なカラスもいる。人の家のふろ場に入って、石鹸をもち去るカラスだ！　インターネット上に出てくる例だが、少しくわしく説明しよう。

2019年5月のこと。ところは九州の大分県別府市、温泉で有名な地域だ。家庭のふろにも温泉がひいてある。そんな別府の緑に囲まれた一軒家で、毎日のように石鹸が盗まれる。10個ほども消失し、奥さんは、ご主人がいたずらしてどこかに隠しているのでは、などと疑心暗鬼に。地元のテレビ局（テレビ大分）の協力で、ふろ場内にビデオカメラを設置した。

撮影は成功。1羽のハシブトガラスが窓から入ってきて、白い石鹸をもち去っていったのだ。ふろ場の窓は、外の景色を眺められるよう大きい作りになっており、日中は換気のために開けてある。そんな状況のなか、カラスは当たり前のように、この窓から入ってきたのだ。動画は公開されていて、自由に見ることができる。

その後、このお宅では、ふろ場の石鹸にはひもを付けて固定し、洗面器をかぶせるようにした。これには、さすがのカラスも降参。石鹸盗みはなくなった。

これほど衝撃的ではないが、インターネットなどには、ほかにもいくつか興味深い例が出てくる。2つだけ、簡単に紹介しておく。

2003年1月末、群馬県渋川市のある家庭からの個人情報。自宅の外の流しで、網袋に入れてぶら下げておいた石鹸がたびたび消失した。カラスがもち去るところを目撃。石鹸をふた付きの

2次元コードスマートフォンで読み取ると、公開されている動画にリンクします。

容器に入れると、容器を流しに落とし、ふたを開けてもち去った。その後、かじられた石鹸が屋根で発見された。

２０１９年1月3日、沖縄タイムスの記事。前年9月4日、沖縄県名護市の畑で、カラスが運んだとみられる石鹸が30個ほど見つかった。ハシブトガラスが石鹸を隠すのを見たとの証言もある。カラスの行為とほぼ断定されたものの、どこからもってきたのかは不明。その後、同じ畑の草の中から、新たに3個の石鹸が発見された。いずれも新品。話をつなげていくと、どうやら、２００メートルほど離れた鉄工所からもってきたものらしい。

その後、鉄工所は石鹸に釣り糸を通し、糸の一方を重りに結び付けた。結果、盗みは消滅。カラスは鉄工所の上空を旋回し、うらめしそうに、ガァガァ鳴いていたとのこと（ハシブトガラスなので、通常はカァカァ鳴くのだが）。

最後に、つい最近（２０２１年7月）、私自身が得た情報。場所は横浜市金沢区の野島公園。私たち夫婦のお気に入りの散歩コースだ。ここのキャンプ場では、やはり、屋外の炊事場にぶら下げた網の中の石鹸が、カラスに頻繁に盗まれている。おそらくハシブトガラス。キャンプ場の職員がいろいろ工夫してたどり着いた方法が、写真のようなもの。ペットボトルの上を切りとって、中に石鹸が入れてある。たしかにこれなら、カ

キャンプ場の炊事場の石鹸。
加工されたペットボトルの中に入っている。

ラスのくちばしは石鹸まで届かない。だが、そのうち、ぶら下げてあるひもが、くちばしで切られてしまうのではないかと心配だ。

11章

ろうそくをもち去り、火事を起こす

今度はろうそく!

石鹸をもち去るカラスの行動追跡が一段落した同じ年(2002年)の夏、別のおどろくべきニュースがとび込んできた。京都の神社で、カラスがろうそくをもち去っている、とのこと。しかも、それによってボヤ(小火)騒ぎが起きているらしい。

情報は、当時、私の秘書を務めてくれていた竹歳環さんからのものだった。前年の8月に京都新聞に関連の記事が出たのち、注目されているようだとのこと。竹歳さんは京都の出身、東京にいても京都の新聞に目を通しているようだった。今度はろうそくか!しかも、一度きりではなく、何度も起きているとのこと。これはやはり調べるほかはない。

いざ、京都へ

2002年9月、現地を訪れた。京都市の南部にある伏見稲荷大社だ。伏見稲荷大社は、全国に約3万あるといわれる稲荷神社の総本宮。正月の初詣のおりには、近畿地方の社寺中、最多の参拝者が訪れる。

案内によると、本殿の裏手に千本鳥居があり、その奥に稲荷山が控える。稲荷山は、山ごと参拝地となっている。たくさんの祠《ほこら》が設置され、中に燭台《しょくだい》がある。祠は総数およそ1万。形状はいろいろだが、石製で中が縦長にくり抜かれている。前面は開いていて、燭台にろうそくが立てられ、火がともされる。8月中旬のお盆の時期や年末年始には、全体で何千本、あるいは1万本近いろうそくが立てられる。

現地には、妻とともに出かけた。初めての場所だし、社務所などでいろいろ話を聞くのに、2人の方が都合よいように思われたからだ。また妻は、人あたりがとてもよく、やさしく、ていねいに語りかける。むずかしい、あるいはややこしい話を聞くのには、彼女の方が向いている。

社務所でおおよその話を聞き、千本鳥居を抜けて稲荷山へ。赤い色の千本鳥居は圧巻。京都を舞台にした推理ドラマなどによく登場する。稲荷山には歩道が敷かれ、一周できるようになっている。ろうそくが立てられる祠は、道沿いのいたるところに設置されている。ところどころに、田中社とか上社、中社と名づけられた拝所《はいじょ》がある。神様を拝む場所だ。途中には、ろうそくなどを売る茶店もある。

カラスによるろうそくのもち去りについての聞き込みは、こうしたいくつかの場所で行なった。やはり、妻の役割はたいへん大きく、どこでも親切に応じてくれた。

伏見稲荷大社。

道沿いに設置された祠。

ろうそくのもち去り行動のあらまし

得られた情報をまとめると、次のようになる。カラスはろうそくが大好きなようだ。野外の祠、あるいは拝所の中からろうそくをくわえ、もっていく。拝所は開放されているので、カラスの出入りはかなり自由。野外のある場所では、1日に何本ものろうそくがもち去られることがある。

この地で使われるろうそくは、和ろうそく。大きくて太く、芯も太い。ハゼノキの実や米ぬかなどの油脂から作られる。茶屋などで売られているものは、長さ10～20センチ、上端の太さ15～25ミリ、芯の太さ5ミリ前後のものが多い。大きいものでは長さ30センチ、あるいはもっと大きなものもある。

小さめのものは野外の祠に、大きいものは拝所内などに立てられる。カラスがもち去るのは、通常、長さ20センチ以下のもの。もっとも、火がともっているものは上から溶けていくので、もち去るときにはもっと短くなる。和ろうそくが使われるのは、伝統的な意味合いもあるようだが、おもには野外で火が消えにくいため。ろうそく自体が太いし、芯も太いからだ。また、中空になっており、空気が絶えず芯の中を通るので、炎がしっかりともる。

ちなみに、私たちが家庭などで使うろうそくは、洋ろうそく。おもに石油から抽出されるパラフィンワックスからできている。和ろうそくに比べると、細くて小さめ、芯も細い。和ろうそくは高価なためか、稲荷の参拝者の中には洋ろうそくを立てる人もいるようだ。

カラスは、火のついたろうそくをもっていくこともある。どこにもっていくのかは、よくわからない。和ろうそくは火が消えにくいので、火種が残ってボヤに至ることがある。神社では、いろいろな対策をとっている。燭台の前面に針金を張る、ろうそくの表面にカラスがいやがる忌避剤を塗る、などだ。しかし、効果はあまりないようだ。

京都新聞2001年8月24日付の記事によると、カラスがろうそくをもち去るようになったのは、1985〜1990年ころから。伏見稲荷周辺で、出されるごみに網を張るようになってから、カラスの行動が変化。参拝者の供え物やろうそくをもち去るようになったとのこと。ただし、このことの真偽は定かではない。あとで述べるように、実際にはもっと前からあったのではないかと思われる。

伏見稲荷を出たあと、近くの消防署を訪れる。不審火の情報、カラスとの関連などについて「事情聴取」。が、あまり重要な情報は得られなかった。

現場を押さえる！

カラスがろうそくをもち去る現場をなんとか見てみたい。ボヤを起こすような状況も確かめたい。そんな気持ちから、翌10月、伏見稲荷を再び訪れた。今度は1人。稲荷山の中をいろいろめぐったり、ろうそくにやってくるカラスを辛抱強く待ったりするのには、1人の方がよいからだ。

到着後、稲荷山を歩きながら、観察と撮影によい場所を探す。稲荷山は森に囲まれている。人がいなければ、静かなところだ。カラスの声や姿を求めて、あちこち移動。結果、カラスのよくいるところ、人の出入りが多くないところに焦点をあてながら、2、3か所の候補を選ぶ。それぞれの場所で、火のついたろうそくから5メートルほど離れた位置にビデオカメラを設置。カラスに警戒されるのを防ぐため、その場に長居はしない。それぞれの場所を巡回しながら、様子を見る。ときおり、ビデオのテープと電池の状態をチェック。

そんなことを何回か繰り返す。この間、何度か、遠くからカラスがろうそく付近にきているのを見る。

さて、いよいよビデオを回収。ざっと見たところ、合計6時間ほどの撮影時間中、12

回ほど、カラスがやってきているのを確認。うまく撮影できているようだ。その後、ホテルに戻り、コンピュータ上で再確認。動画を拡大し、1回ずつじっくりと、何度にもわたって観る。12回中、5、6回は、しっかりとカラスの行動がとらえられていた。観るたびに、衝撃が走る。すごい、こんなの見たことない！

動画の内容をまとめると、次のようになる。

やってくるカラスは、すべてハシブトガラス。稲荷山でふつうに見られるカラスだ。祠の付近に降り立つと、ためらうことなく、火のついたろうそくのもとへ。まずは、ろうそく本体の上のはし、つまり芯の根もとにとろけている蝋をなめとる。とても熱いはずだが、まったく気にしない。つぎに、くちばしでろうそく本体をすばっと切りとる。一瞬のできごと。で、切りとったろうそくの一部をくわえたまま飛び去る。

カラスをふくめて、鳥は火を嫌うのでは、という話がある。しかし、それは大まちがい。映像を見る限り、カラスはまったく火を気にしていない。しかも、炎の下でとろける熱い蝋をなめとっているのだ。見た印象では、好んでなめとっている様子。これもおどろきだ。舌はいったいどうなっているのだろうか。

また、カラスは祠のところまで羽ばたいてくる。風圧で火が消えてしまうのではと思っていたが、これも思い違いだった。和ろうそくの火はゆらめくだけで、消えることは

くちばしでろうそくを切り、もち去る瞬間のハシブトガラス。

ない。もち去るとき、カラスはからだをひるがえして強く羽ばたく。それによって炎は消えてしまうことがある。しかし、それでも火種は赤く残ったままだ。

もち去ったろうそくは、どうしているのか？

後日、現場付近、あるいはほかの可能性のありそうな場所でもっぱら観察。カラスがろうそくをもち去るのを見とどけ、追跡を開始する。だが、だいたいの様子や状況がわかっているとはいうものの、飛び去るカラスを追うのは至難の業。途中、ころんだり、枝に服をひっかけ、切ってしまったり。もちろん、見失ってしまうことも。飛べない私は、ほんとうにつらい！　が、どうにか、3、4例を見るのに成功。

もち去ったろうそくは、樹上や屋根の上などで、足で押さえてかじる。10章で紹介した石鹸どうよう、食べるのだ。ただし、少しかじっただけで、さらにもち去ることが多い。また、かじることなく、少し離れたところまで直接もっていくこともある。もち去る先は、林の落ち葉のあいだや、わらぶき屋根のわらのすき間。そこで、やはり石鹸どうよう、隠す。落ち葉やわらのあいだに押し込み、落ち葉やわらの一部でおおうのだ。そして、あとになって取り出し、またかじる。貯食の習性そのものだ。

こんなおり、ろうそくに火種が残っていれば、ボヤになりかねない。落ち葉やわらが乾燥していれば、また風が吹いていれば、なおさらのこと。なにしろ、火種に枯れ葉やわらをくべ、ふうふう吹きかけているような状況なのだ。ただし、私自身はボヤになるようなところは見ていない。

くちばしの妙技

ろうそくをもち去る行動には、いくつかおどろかされるものがある。なかでも1つ、私の印象に残ったのは、ろうそくを切りとる瞬間だ。ほんとうに、みごとにスパッと切りとる。私の知るところでは、細めの洋ろうそくでさえ、ナイフなどで切るのはむずかしい。まして、芯も本体も太い和ろうそくのこと。

東京に戻ったのち、もち帰った和ろうそくを、洋裁用の大きな裁《た》ちばさみや登山ナイフで切ってみた。用いた和ろうそくは、長さ19センチ、上端の太さ2・5センチ、芯の太さ6ミリ。撮影の対象となった祠のろうそくの多くと、ほぼ同大。だが、何を使っても、またどんなに力を入れても、スパッとは切れない。切ろうとしても、がしっとした固体の抵抗感がある。カラスは、そんな和ろうそくを一瞬にして切りとっていくのだ。やはり、すごい！としか言いようがない。

以前から、カラス、とくにハシブトガラスのくちばしは肉切り包丁のようなもの、と思っていたが、それにはとどまらない。言ってみれば、多機能の包丁ないしナイフのようなものなのだ。

過去の不審火も？

ろうそくをもち去って隠すこの行動は、この地域のカラス、ハシブトガラスにとって日常的なものであるようだ。ハシブトガラスは、稲荷山に数多くすんでいる。夜に眠る場所「ねぐら」としても利用している。夏から秋にかけては、夕方から夜間に数百羽が集まる。日中、同じ場所には、同じ個体あるいは同じつがいがくらしている。ろうそくにやってくるのは、こうした特定個体のようだ。ただし、稲荷山全体では相当な数になるだろう。

カラスは新しいろうそくが立てられると、すぐにやってきてもち去ろうとする。ろうそくに非常に強い関心を寄せているのだ。ろうそくも石鹸どうよう、油脂分をふくんでいる。とくに、ハゼやヤマウルシ、アブラヤシなどの実、米ぬかなどから作られる和ろうそくには、多量の天然油脂がふくまれている。カラスはやはり、この油脂分を目当てにろうそくをかじっているようだ。

1日に何百本、何千本と立てられる和ろうそく。しかも、それは途絶えることがない。おそらく、この地のこの状況は、カラスに豊かな食生活をもたらすことになっているに違いない。石鹸どうよう、ろうそくは主食になるものではないが、人間世界のお茶や菓子、あるいはガムに相当する嗜好品のようなものとなっているようだ。カラスにとって、この地域独自の食文化が形成されていると言ってよい。

しかし、人間側からすれば大問題だ。石鹸の場合は、もち去って落ち葉のあいだなどに隠しても、ボヤなどを起こすことはない。しかし、ろうそくの場合は違う。まかりまちがえば、大ごとになりかねない。1999年4月から2002年12月までの間に、この神社の境内やその周辺で、合計7件の不審火が発生。カラスによるものとみなされている。また、その後、今日に至るまで、ボヤ騒ぎは絶えることなく、ときおり起きている。

神社では、もちろん、いろいろな対策をとっている。先にも述べたように、燭台の前面に針金を張る、ろうそくの表面にカラスのいやがる忌避剤を塗る、などだ。また参拝者に、参拝が済んだらろうそくの火を消していくように呼びかけてもいる。関係者が定時に巡回し、危険な状況に陥らないよう、監視もしている。しかし、それでも事態は収まっていないのだ。

知能の高い、そして屈強なカラスは、人の行為を見抜き、学習し、たくましく生きている。

京都以外にも目を向けてみよう。伏見稲荷ほど、多くのろうそくが立てられる場所はそうないだろう。だが、ろうそくを野外に立てる習慣は日本の各地に存在する。お寺の墓地がその代表。祭りの行事の一部として、1か所に何百、何千ものろうそくが立てられる場所もある。こうした場所の少なくとも一部では、やはりカラスがろうそくをもち去るのが観察されている。

もっとも、ろうそくを立てられるのは夜間だけ、というところも多い。たとえば、歌や映画で知られる「なごり雪」の舞台である大分県の臼杵《うすき》。毎年11月に開かれる「うすき竹宵《たけよい》」祭りでは、1万から2万本の竹ぼんぼりにろうそくが収められ、灯がともされる。幻想的な光景が展開されるが、灯がともされるのは夜の6時から9時ころまで（臼杵市役所による）。この時間帯にカラスが活動することはない。また、使われるろうそくは、容器の中に収められるので、カラスがもち去るのはむずかしい。実際、ボヤなどは起きていない。

一方、時代をさかのぼると、日本のろうそくの歴史は古い。広い意味でのろうそくは、奈良時代に中国から伝わったものが始まりのようだ。当時のろうそくは蜜蝋《みつろう》。蜜蝋とは、ミツバチが巣をつくるのに腹部から分泌するロウのこと。ハゼノキなどから作られる和ろうそくが出まわるのは、江戸時代のこと。こののち、和ろうそくは大量に生産され、広く利用されるようになる。

近年は、野外にろうそく、とくに和ろうそくを立てる習慣は少なくなっている。だが、江戸から明治、大正、昭和の初めころまでは、神社やお寺の境内などに多数のろうそくが立てられていた。あるいは、街角の小さな稲荷などにも、少数だが日常的にろうそくが立てられていた。こうした時代には、カラスは今よりも頻繁にろうそくをもち去り、隠していただろう。さらに言えば、その当時、京都やほかの地域ではいくつもの不審火が起きている。その一部も、カラスによるものであった可能性がある。

現在、私は古地図を利用して、ろうそくが立てられていた場所と不審火のあった場所との関係を調べつつある。何かわかったら、ぜひまた報告したい。

12 章

まだまだある、ニュースなカラス

ゴルフボールや洗濯ハンガーをもち去る

カラスが何かをもち去るという「事件」は、ほかにもいろいろある。ゴルフ場からゴルフボールを次々にもち去る、ベランダや物干しからハンガーをくわえて飛び去る、といったのが代表例。そんなものをもっていって、何をしているのか？

ゴルフボールやハンガーは、巣にもちこむ。ゴルフボールは、巣の中で何かに役立っている様子はない。カラスはきれいな色のものを好む習性がある。ゴルフボールは、光沢のあるきれいな白。飾りのようなものとして、置いているのかもしれない。

ハンガーの場合は、事情が違う。カラスはハンガーを巣の材料に使う。もち去るのは、ハンガーの中でも針金ハンガー。巣材に使う枝に針金ハンガーを加えて、「鉄筋づくり」にしているのだ。何十本も使うことがあるし、巣の外側すべてが針金ハンガーということもある。ただし、針金ハンガーの多くは、白、青、ピンクなどの色のついた軟質プラ

針金ハンガーを使ってつくられたハシブトガラスの巣。

スチックで被覆されている。この色が好まれている、ということもあるかもしれない。だが、プラスチック製の色つきハンガーがもち去られることは、まずない。おそらく、硬いし、すべりやすいからだ。針金ハンガーは柔軟で、簡単に折り曲げて形を変えられる。巣の材料として重ねたり、組み込んだりするのには好都合だ。カラスが「鉄筋」にこだわる理由は、たぶんここにある。それに、目立った色のない針金ハンガーがもち去られることもある。

東大時代、研究室の前の松の木に、針金ハンガー付きの巣がつくられたことがある。観察しやすい巣だったので、カメラを使って繁殖の過程を追っていた。そんな様子を、別の目的で取材に来られた新聞記者の方が見た。針金ハンガーが多数使われているのに興味をもち、後日、記事にした。話はまだ続く。新聞に掲載された巣の写真を見て、近所に住むという方から電話があった。このハンガーは自分のところからもち去ったものではないか、ぜひ確かめたい、とのこと。断る理由もないので了承、見にきていただいた。しかし、使われている針金ハンガーは、どこにでもあるようなもの。数も多いし、この方のお宅のものかどうかは、結局わからずじまいだった。

ところで、カラス、とくに都会のハシブトガラスは、衣類がハンガーにかかっていると、それをはずしてハンガーだけをもっていく。シャツなどを、くちばしを使ってはずしていく様子は、なかなか巧みなものだ。めいわくな話ではあるのだが、きちんと仕事をこなす様子にはおどろかされる。

もち去られないためには、どうすればよいか？　ハンガーをひもか何かで固定する、というのが1つの策。だが、これだと、やってきたカラスが強引に引っ張り、ガチャガチャ音を立ててうっとうしい。外に干す洗濯物には針金以外のハンガーを使うというのも、よい方法だ。一番よいのは、外に洗濯物を干さないことだ

2次元コードをスマートフォンで読み取ると、公開されている動画にリンクします。

が、そんなこと無理！と言われそうだ。だが、カラスがハンガーをもち去るのは、3月下旬から4、5月くらいまで。巣づくり、繁殖の時期だけだ。この時期には外に干さないという選択も、ありではなかろうか？

浮き玉を盗む

これは最新の話題だ。2021年5月、朝日新聞大阪本社の記者からメールが届いた。大阪でよく知られる四條畷神社《しじょうなわてじんじゃ》の境内から、浮き玉が消失しているとのこと。境内の手水舎に浮かべられた色とりどりの浮き玉が、30個以上もなくなった。手水舎は、ちょうずや、あるいは、てみずしゃと読む。人が水で手をきよめ、口をすすぎ、参拝にあたって身をきよめるところ。そう、水場にひしゃくが置いてある屋根付きのあの場所だ。

神社が浮き球を浮かべるようになったのは、「コロナ禍でも、参拝者の方に明るい気持ちになってほしい」からとのこと。昨年からのコロナ禍では、家庭、学校、商店、企業など多くのところで、たくさんの人が影響を受け、困窮している。そんな中での神社の配慮だった。

手水舎に浮き玉を入れ始めたのは、4月上旬のこと。浮き玉は、直径4センチと5センチの2種類。いずれも陶器製で、いろいろな色模様がついていて美しい。通常はひしゃくくらいしか置いてない手水舎に、きれいな浮き玉がたくさん浮かべてあれば、たしかに心も和む。

4月下旬、手水舎のまわりで割れている浮き玉を見かけるようになる。しかも、いくつも盗まれている。いったい誰がこんなことを？　警戒は続くが、犯人は特定できない。気をつけて見ていると、消えていくのは、直径4センチの浮き玉ばかり。夜間、この場所に人は入れない。が、浮き玉は決まって夜間か早朝になくなるのだ。犯人は、人ではないのでは？

そんな中、私のもとに取材の依頼があった次第だ。出かけて確かめる余裕はなかったが、状況からして、「容疑者」はカラスと判断。神社は森に囲まれており、この環境からするとハシブトガラス。ゴルフボールなどの例で述べたとおり、カラスはきれいな色のものを好む。もち去って巣に置き、「飾り」のようにする習性がある。おそらく、この神社の浮き玉を失敬していくカラスも、同じようなことをしているのではないか。

もち去られた浮き玉は、すべて直径4センチのもの。カラスのくちばしの大きさからして、5センチのものはちょっと大きすぎたのかもしれない。ちなみに、ゴルフボールは直径4・3センチだ。神社の周辺にはカラスが多く、手水舎の近くの木には巣もあったとのこと。このあたりも、話が合っている。

5月上旬、夜間に水場の上から板のふたをすると、被害はなくなった。状況証拠から、もち去っていくのは、やはりカラス以外、考えられない。しかし、現時点では「犯人」ではなく、あくまで「容疑者」だ。

新聞記事は5月11日付、私のコメント入りで掲載された。

「なぜ？神社から消えていく浮き玉　有力な「容疑者」とは」

カラスの銭湯通い

しばらく、カラスが引き起こす「事件」の話ばかりが続いた。しかし、カラスが注目されるのは、そんな深刻なことばかりではない。特別かしこいわけではない、また人にめいわくをかけるわけでもない、でも興味深い、そんな話題もある。カラスが銭湯通いをする、というのが、その1つ。

カラスの銭湯通い？　えっ、何のこと？と思われるだろう。銭湯に行き、湯には入らないが、煙突から出る煙を浴びるのだ。カ

2次元コードをスマートフォンで読み取ると、記事が掲載されているウェブサイトにリンクします。

ラスはなぜそんなことをするのだろう。

　カラスをはじめとした鳥は、繊細な構造をもつ羽毛を身にまとっている。羽毛は、寒さや暑さから身を守り、けがを少なくし、そして空を飛ぶために必要なもの。しかし、繊細で傷みやすいので、それを清潔に保っておかなければならない。そこで、水を浴びたり、砂を浴びたりして、羽毛につく汚れや寄生虫をとり除く。第1部に登場した天才ガラスは、水道の栓を回し、大量に出てきた水を浴びていた。

「カラスの行水」という言葉がある。入浴を簡単に済ませてしまうことだ。が、実際には、カラスは水浴びをかなり念入りに行なう。そして、水浴びだけでなく、煙も浴びるのだ。煙を浴びることによって、羽毛を乾かし、寄生虫などをとり除いているのだと考えられている。この煙浴、興味深い行動だが、そう見られるものではない。

　だが、私はあるとき、それを間近で、しっかりと見てしまった。たまたま、遅めの通勤時に歩いているときのことだった。ところは東京の上野からほど近い根津。地下鉄千代田線の根津駅のすぐそばにある、銭湯「宮の湯」あたり。銭湯には大きな煙突がある。そこからもくもくと煙が上がる。カラスはその煙突の上にとまって、出てくる煙を浴びていたのだ。

　鳥の煙浴については、以前から知っていた。学生時代、ブッポウソウが煙突の煙を浴

ブッポウソウ

びるのを見に行ったことがある。そこも銭湯だった。ブッポウソウは、青や紫に輝く羽毛と赤いくちばしをもつ美しい鳥。そんな鳥が、銭湯の煙突のまわりをふわっ、ふわっと優雅に飛びながら、出てくる煙を浴びていた。ちょっと不思議な光景だった。ちなみに、煙突には巣箱がかかっており、ブッポウソウはそれを利用していた。巣箱に出入りしながら、煙突から出る煙を浴びていたのだ。

ついでながら、私たち鳥好きの学生何人かは、少し離れたところから、双眼鏡や望遠鏡でその様子を見ていた。しばらくすると、警官が足早にやってきた。「君たち、何をやっているんだ！」。まあ、誤解されるのも、無理からぬことではあった。

根津駅は、東大に通うための最寄り駅の1つだ。根津一帯は、東京の下町の中でも、昭和の面影が色こく残る地域。宮の湯は、当時、銭湯が次々に消えていく中、もくもくと煙を上げていた。その後、観察を続けると、カラスはハシブトガラスで、毎日のように、宮の湯に「銭湯通い」していることがわかった。おもしろい！　もっとくわしく調べてみよう、と思い立つ。こうして、私の「煙浴ガラス」の研究が始まった。1999年のことだ。

助っ人として活躍してくれたのは、森下英美子さん。置き石事件のところでも登場した人だ。私たちは、研究室のある建物の7階、その非常階段の踊り場にビデオカメラを設置した。宮の湯までは500mほど。ズーム機能を使えば、煙突にやってくるカラスをとらえることができる。すばらしい観察環境。ここなら、警官などを気にする必要もない。

撮影は1年ほど継続した。ひさしのある場所からの撮影なので、雨の日も風の日も、たいした苦労もなく、ことは進んだ。結果は興味深いものだった。とくに天候との関係。カラスは雨の日に、煙突に来ることが多かった。具体的には、湿度の高い日ほど、煙突にやってくるカラスの数は多い傾向がある。雨がざあざあ降っているときにもやってくる。季節でいうと、4月から7月くらいのあいだが多い。寒い冬にはほとんどこない。

梅雨時にくることが多いのは、やはり羽毛を乾かし、汚れや寄生虫をとり除くのに都合がよいからだろう。もっとも、乾かしてもまた濡れてしまうので、その効果のほどはどれほどか、という疑問は残る。湿度が高まることで寄生虫が活発になり、それが刺激となって煙浴が誘発される、といったことかもしれない。

煙突上のカラスの行動は、なかなか見ごたえがあった。1羽のカラスが煙突のふちにとまり、ほかのカラスがくると追い払う。煙浴を独占したいのか。ただし、つがいの1羽と思われる個体は、煙突にある避雷針などにとまることを許されている。また、追い払いたいのに追い払えないカラスもいる。おそらく、力関係で優位な個体、ようするに強い鳥だ。この鳥が煙突にとまると、遠慮しつつ近づいていくのだが、結局、追い払うのはあきらめる。

ときおり、煙突の上が騒然となることがある。どういうわけか、10羽以上のカラスが集まってしまうのだ。カラスたちは、煙突のまわりを飛びまわったり、とまったかと思うとすぐに飛び上がったりする。とまっているカラスのあいだに割り込こもうとするものもいる。

だが、1羽しかいないようなときには、文字通り、湯ったりと煙につかっている。左右のつばさを交互に広げ、乾かすようなしぐさを見せる。もくもくと出る煙のまっただ

銭湯の煙突の上で煙浴するハシブトガラス。
撮影：朝日新聞社

中にいて、だいじょうぶなのか。熱いだろうし、酸素不足にもなりかねない。人なら煙を吸い込み、呼吸困難になるだろう。でも、カラスは平気な様子。煙突のふちにとまって、うっとり気分なのだ。

この煙浴するカラスの様子は、当時、朝日新聞、続いて写真週刊誌でも、それぞれ写真入りで紹介された。

カラスによる煙浴は、国内外のほかの地域でも知られている。海外では、ヨーロッパのミヤマガラスなどの例がある。しかし、日本では、銭湯の数は年々少なくなっている。また銭湯があっても、煙をもくもく出すようなところは少なくなっている。近所への配慮からだろうと思われる。カラスは、工場の煙突にはやってくるのだろうか。有毒ガスが出ていれば、さすがにこない可能性が高い。まだ調べる必要のあることは残っている。

ちなみに私は、煙浴するカラスの観察が一段落してからも、ときおり、宮の湯に出かけていた。知り合いの教授が、仕事帰りに銭湯にちょっと寄るのは健康によい、と言っていたのにならってだ。が、同時に、銭湯の存続、つまり、カラスの煙浴が途絶えてしまわないことへの願いも込めてだった。しかし結局、時代の波には勝てなかったのだろう、その後、残念ながら宮の湯は閉じることになる。

銀座、赤坂、六本木をハシゴする

煙浴ガラスを調べた根津は、上野の近くにある。私たちはそのころ、上野のカラスにPHSを装着し、日中、どこを移動しているかを調べていた。目的はごみ対策にかかわることだったが、移動そのものにも関心があった。PHSは、石鹸ガラスのところで紹介したのと同じもの。重さ25グラム前後、通信ネットワークによって、一定時間ごとに緯度と経度が記録される。PHS用のアンテナは、電柱や電話ボックス、ビルの屋上などにある。都市化が進んでいるところほどアンテナ密度が高いので、より正確な位置が突きとめられる。

PHSは、上野動物園内で捕獲されたハシブトガラスに装着。背中にランドセルのように背負ってもらった。黒く塗ったので、羽毛の色に溶け込んで目立たない。捕獲と装着には、上野動物園と（株）シー・アイ・シーの協力を得た。もちろん、研究用の捕獲許可を得てのことだ。追跡は20数羽のカラスが対象。

カラスたちはいろいろな動きを見せた。いくつかの移動パターンがあり、1つめのグループは、動物園に隣接する上野公園、アメヤ横丁（通称、アメ横）、不忍池《しのばずのいけ》あたりを動きまわるだけ。上野公園からほとんど出ないものもいる。別のグループは、上野から

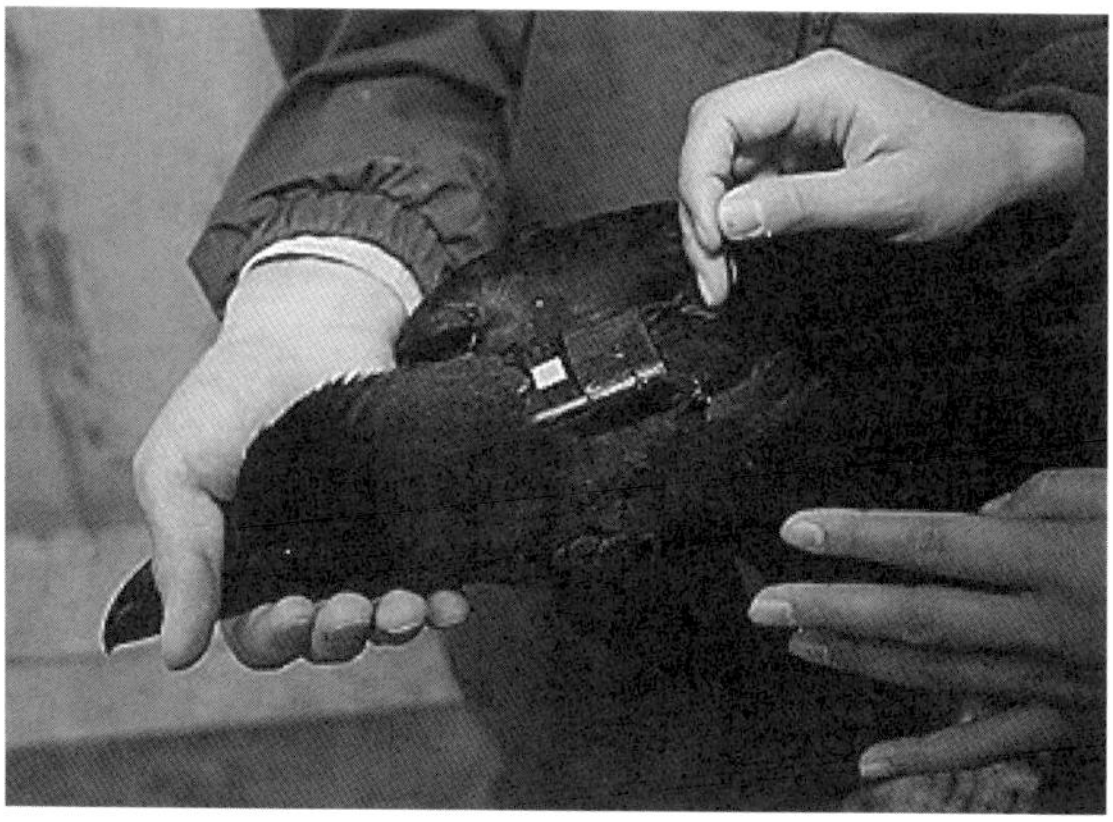

PHSを装着されたハシブトガラス。

数キロ離れた荒川区の町屋方面へ移動。下町の公園や荒川の土手あたりですごす。また別のものたちは、都心の比較的広範囲を移動する、といった具合だ。

なかでも注目されたのは、都心を広く動きまわるカラス。とりわけ多くの注目を浴びたのは、ある1羽。2000年4月18日の動きを、時間までふくめて紹介しよう。

このカラス、前日には上野公園内にいたが、18日当日の昼ごろ、正確には12時22分、中央区の銀座に移動。その後、12時57分には港区六本木の路地裏に現われ、2時間少しすぎた3時9分には、赤坂の交差点あたりに出没。そして、3時30分にはまた六本木に戻り、それからじきに、ねぐらのある上野へと戻っていったのだ。

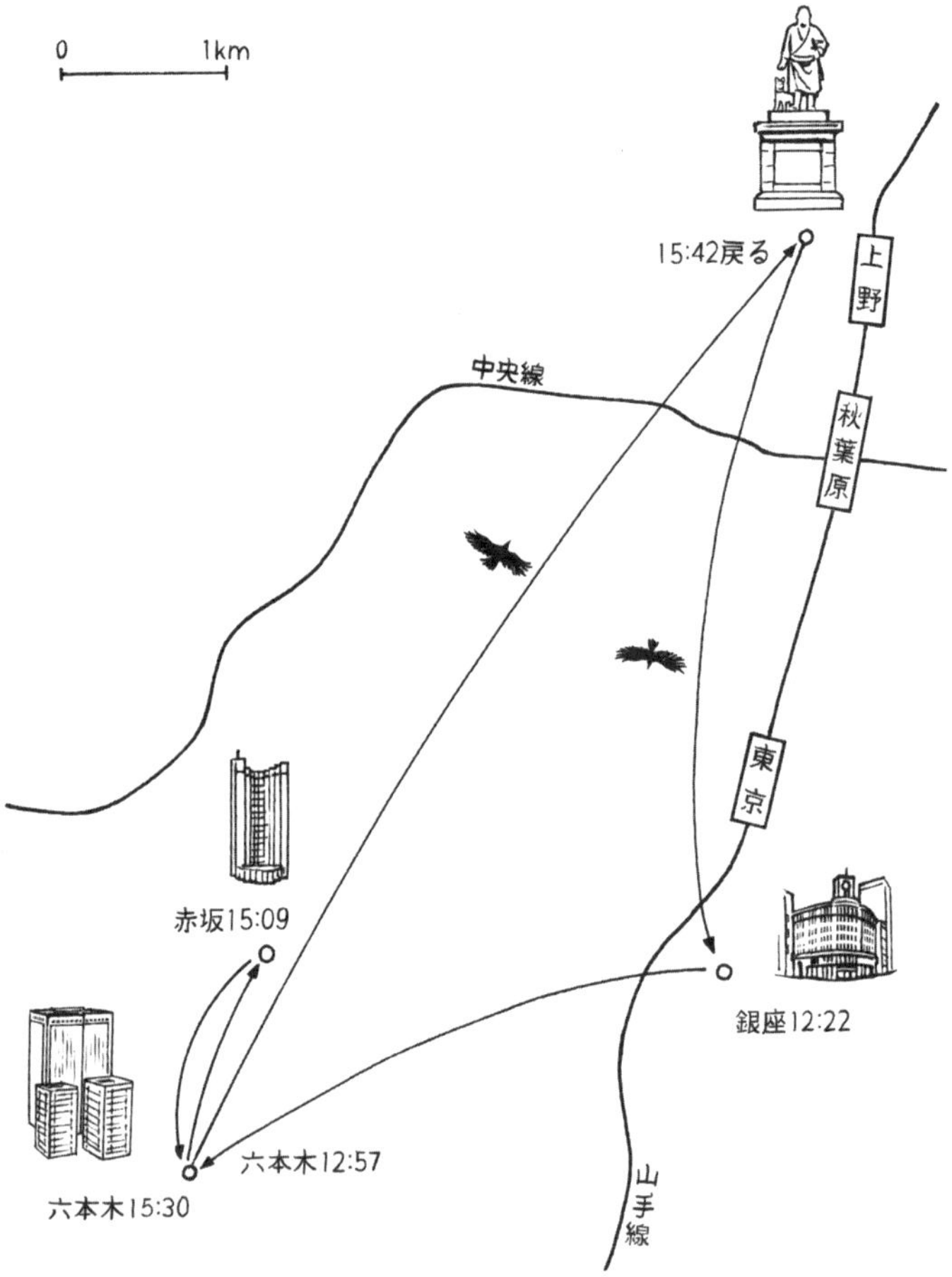

銀座、赤坂、六本木をハシゴするカラスの足どり。イラスト：竹田嘉文

都心をめぐるこのカラス、マスコミをふくめて関心をもつ人のあいだでは、シティ・ライフ派などとカッコよく称された。だが、銀座、赤坂、六本木の盛り場めぐりをするカラス、と言ったほうがよいかもしれない。もっとも、昼間のことではある。昼間、そんなところで何をしていたのだろう？　ごみはすでに回収されていたはずだ。土地柄からすると、ファーストフード店の付近をうろつきながら、ハンバーグやドーナツのかけらでもついばんでいたのだろうか。いやいや、そうではないだろう。おそらく、あちこち隠しておいたごちそうを順に取り出し、午後の食べ歩きをしていたのではなかろうか。そうだとすると、究極の「グルメガラス」ということになる。

さて、15年ほどの年月が過ぎ、近年は追跡の技術も、PHSからGPSを利用したものに変わっている。GPS（全地球測位システム）は、人工衛星からの電波を受信することによって緯度と経度の位置を測定する。測定の精度は高く、対象が静止している場合、数メートルから数十メートル程度の誤差しかない。私たちが日常的に利用しているスマートフォンなどにも、この技術が使われている。

私たちは最近、このGPSを利用したGPS‐TXという機器を用いて、横浜でハシブトガラスの追跡を行なった。細かい仕組みは省略するが、この機器で得られるGPSの情報は、アンテナを装備した基地局に送られる。緯度経度の位置情報は、地図上でも図示され、リアルタイムでスマートフォンなどから確認できる。すばらしいシステムだ。
捕獲と機器の装着は、横浜市保土ケ谷区にある横浜国立大学の構内で行なった。捕獲は（株）シー・アイ・シーの協力のもと、入ると出られない仕組みの捕獲小屋で実施。追跡は、同大学・都市イノベーション研究院の西尾真由子准教授（当時）らの研究室が先導役。追跡時期は、2015年1月中下旬の冬の時期。追跡対象は6羽。うまく追跡できたのは、そのうちの5羽だ。

移動の状況は、個体ごとにかなり異なっていた。5羽中3羽は、大学構内の樹林でねぐらをとり、日中は2キロほど離れた樹林と畑からなる地域ですごしていた。おもしろいことに、3羽のうち1羽は横浜駅周辺を、別の1羽は東神奈川駅周辺を、毎朝のように訪れた。大学からこれらの駅までは、直線距離で3～5キロほどある。残りの2羽のうちの1羽は、大学から数キロ離れた地域でねぐらをとり、日中を過ごしていた。最後の1羽は、当初は大学周辺に滞在していた。2日後からは、大学から6キロ以上離れた緑地や公園で日中をすごし、夜もねぐらをとっていた。

私たちは、GPSによる追跡と合わせて現地調査も行なった。現地調査とはいっても、追跡中のカラスを見つけ出し、その様子を観察するわけではない。それはとてもむずかしい。現地に行って、すんでいる環境などを調べる調査だ。

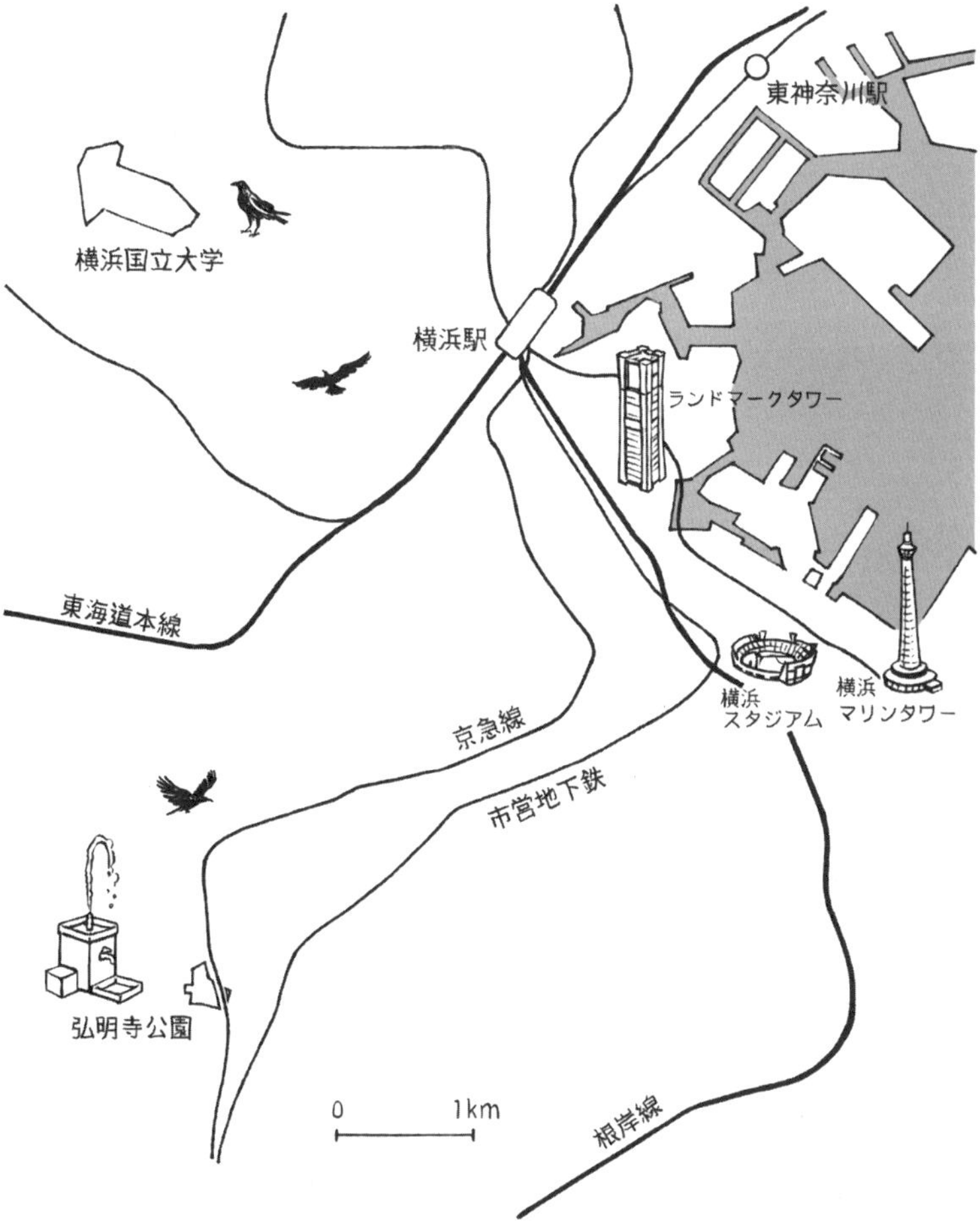
東神奈川駅
横浜国立大学
横浜駅
ランドマークタワー
東海道本線
横浜
スタジアム
横浜
マリンタワー
京急線
市営地下鉄
弘明寺公園
0
1km
根岸線

イラスト：竹田嘉文

注目すべき結果に焦点をあてると、最初の3羽が日中すごした場所には、牛などが飼育されている畜舎があった。横浜にしてはめずらしいことだ。畜舎には多くのカラスが出入りし、トウモロコシなどの牛の餌を食べていた。横浜駅の周辺には、飲食店が数多くあり、早朝には大量のごみが出される。ごみ処理がきちんとなされているところもあるが、そうでないところもある。東神奈川駅の周辺には商業施設や住宅が立ち並び、やはり、ごみの収集所が目についた。実際、収集日になると、多くの収集所にカラスがやってきていた。ねぐらをとっている場所には、必ずまとまった樹林があった。

これらのことからすると、カラスは地域の状況をよく把握しているようだ。いつ、どこに行けば十分な食料を得られるか、どこが安全なねぐら場所なのかなどについて、十分な情報をもっているということだ。とくに、朝は大都会の駅周辺のごちそうでおなかを満たし、日中は畜産農家の恩恵にあずかるカラスは、たいしたものだ。カラスの1日は、たしかなスケジュールのもとで進んでいると言えるだろう。

ところで、ちょっと参考までに。横浜国大のある場所と、あの水道ガラスのグミのいた弘明寺は、どのくらい離れているのか。横浜国大のカラスは、弘明寺方面には行かなかったのか。両方の地域は、5~6キロ圏内にある。今回、カラスの行き来は認められなかったが、移動の可能性はあるだろう。日中の移動はないかもしれない。とくにハシボソガラスは通常、ハシブトガラスのように長距離は動かない。だが、日中、弘明寺ですごし、夜のねぐらは横浜国大の樹林でとる、というものはいるかもしれない。

ちなみに、横浜国大の旧キャンパスは弘明寺にあった。現在、弘明寺には一部の施設が残っているだけだ。もし、新旧キャンパスを行き来するカラスがいたら、これもちょっとした話題になるかもしれない。

自分専用の浴槽をつくる

岩手県花巻市の温泉でのできごとで、私あてに送られてきた個人の情報。朝風呂から出た9時ころ、川沿いの窓辺で涼んでいると、カラスが対岸の浅瀬に次々にやってきた。水浴びをするためだ。集まった5、6羽のカラスたち、「カラスの行水」などではなく、ていねいに何度も何度も水浴びをする。そこに大きめの1羽が飛んできて加わる。おそらく、5、6羽のカラスはハシボソガラス、大きめの1羽はハシブトガラスだ。

見ていると、大きい方のカラスが河原の石をくわえ始める。くちばしの割には大きな石だ。しかも、このカラス、そんな石を次から次へと移動させ、河原に囲みをつくる。移動させた石の総数、20から30個。石の囲みの中には水がたまり、みごとに水場ができる。そして、そこで水浴びを開始。なんと、自分専用の「浴槽」をつくってしまったのだ。

情報を寄せてくれたのは、神奈川県の鎌倉市にすむ山本純さん。秋田の車を利用したクルミ割りガラスの新聞記事を見て、手紙をくださった。この手紙を読んで、私は正直、その真偽のほどを疑った。しかし、山本さんは、察するところ私とほぼ同年代、高校生のころから鳥や自然に親しみながらすごしているご様子。とくに高校時代には、カラスのねぐら調査にもかかわったことがあるという。いい加減なことを伝えるような人ではまったくない。

何度かやりとりをする中で、山本さんから追加の情報が寄せられた。この「浴槽ガラス」を観察したのは、2014年5月。山本さんの言葉を借りると、「このカラス、自分の大きめの体に合う深さと大きさの専用浴槽をつくり、そこでゆったりと水浴びをしていた。ほかのカラスが自然の水たまりで水浴びを済ませているのを横目で見ながら」なんだか、1つの物語のようでもある。いずれにしても、今まで見聞きしたことのない貴重な情報だった。

第3部

人とともに生きる

13章

カラスという生き方、カラスという生きもの

ニュースなカラスとは何なのか

カラスのいろいろな話題について述べてきた。省略形を使って言えば、水道ガラス、車利用ガラス、ビワガラス、置き石ガラス、石鹸ガラス、ろうそくガラス、グルメガラス、ゴルフボールガラス、浮き玉ガラス、ハンガーガラス、煙突ガラス、そして浴槽ガラス。なんといろいろな話題を提供するカラスがいることか。述べはしなかったが、ほかにも、公園のすべり台ですべる「すべり台ガラス」や、電線からぶら下がって体を回転させる「大車輪ガラス」もいる。神社にいるシカの耳にシカのふんを詰める「シカふんガラス」だっている。あげていけば、きりがないかもしれない。

このほとんどどれもが、新聞やテレビの話題になっている。まあ、「ニュースなカラス」になっているわけだ。鳥の世界広しといえども、こんなに話題になる鳥はほかにいない。動物界全体で見てもいないだろう。

シカの耳にシカのふんを詰めるハシブトガラス。
宮城県金華山。撮影：高槻成紀

なぜ、これほど話題になるのだろうか。水道ガラスや車利用ガラスは、とてもかしこいから。置き石ガラス、石鹸ガラス、ろうそくガラス、ゴルフボールガラス、浮き玉ガラス、ハンガーガラスは、めいわく千万だから。ビワガラス、煙突ガラス、浴槽ガラス、すべり台ガラス、大車輪ガラス、シカふんガラスは、へぇ～っとおどろかされるから、だろうか。

だが、多くに共通しているのは、人とのくらしに深くかかわっている、ということだ。水道ガラスや車利用ガラスは、人間が作り出した機器、機械を巧みに利用している。仕組みまで理解している、と言ってよい。置き石ガラス、石鹸ガラス、ろうそくガラス、ゴルフボールガラス、浮き玉ガラス、ハンガーガラス、煙突ガラス、すべり台ガラス、大車輪ガラスは、やはり人間が作り出したものを、そのまま都合よく利用している。線路のレールや銭湯の煙突は長大なもの、石鹸、ろうそく、ゴルフボール、浮き玉、ハンガーなどは日用品、あるいはそれに近いものだ。ビワガラスは、人が植えたものを拡げている。シカふんガラスは、神社で神の使いとして保護されているシカを利用している。浴槽ガラスだけは人のくらしと無関係。

利用目的という点で言えば、水道、車、ビワ、線路のレール、石鹸、ろうそくなどは飲食のため。なかでも石鹸とろうそくは嗜好品。ゴルフボールや浮き玉は装飾のため。ハンガーは建築資材。煙突、それから水道は健康維持のため。すべり台や、大車輪に使う電線は娯楽として、神社のシカは、遊びあるいは自己満足の対象としてだ。

ちょっと話がややこしくなった。思い切って平たく言おう。

カラスは、車を使ってクルミを割り、人が植えたビワの木を増やしてその実を食べる。石にへばりついたパンを食べるのにテーブルならぬ線路のレールを使い、好みの脂肪分豊かな石鹸やろうそくをかじって食べる。針金ハンガーを使って鉄筋仕立ての巣をつくり、水が必要になったら、水道の栓を回して飲んだり浴びたりする。体を乾かし寄生虫を除くためには、銭湯に出かけ、煙突から出る煙を浴びる。遊びたくなったら公園に行き、すべり台ですべる。あるいは電線からぶら下がって大車輪。もっと暇になったら（？）、神社のシカの耳にシカのふんを詰めるのだ。

なんというくらしぶり！　食生活から健康管理、すまいづくりや娯楽まで、人のくらしとともにある、と言ってよい。もちろん、どのカラスもが、これらすべてをやっているわけではない。ハシボソとハシブトでも違っているだろう。が、カラスはとにもかくにも、人間生活と密接にかかわりながらくらしている。その生き方は、動物界広しといえども、ほかに例を見ない。しかも、カラスは私たちの身近にいつもいる。目にもつきやすい。誰もがカラスの存在を知っている。そんなことから、カラスのやること、なすことが人々の関心を呼び、いろいろ「ニュースなカラス」が登場することになっているのだろう。

決め手は柔軟性

これまでの話からわかるように、カラスは独特の生き方をしている。それは、型にはまらない、きわめて柔軟性に富んだ生き方だ。

型にはまらない、柔軟な生き方は、住生活や食生活のなかによく表れている。いろい

カワセミ

シジュウカラ

カルガモ

ツバメ　撮影：高野丈

ろなところにすみ、いろいろなものをとって食べるという生活だ。この生き方は、ほかの鳥たちとは大きく異なっている。多くの鳥はそれぞれ、限られた場所や環境にすみ、特定のものを独自の方法でとって食べている。

たとえば、シジュウカラは、林の枝葉のあいだで昆虫の幼虫をつまみとる。ツバメは、空中を飛びながら飛んでいる昆虫をくわえとる。カワセミは、水辺の枝などにじっととまり、近づいてきた魚を急降下してとらえる。カルガモは、水辺を泳ぎながら、小さな植物の種子などをとって食べている。それぞれがその道の専門家、スペシャリストであり、その習性に合った体のつくりをしている。

カラスは、その逆なのだ。つまり、何でも屋、ジェネラリストとしての道を生きている。からだのつくりも、鳥の中ではとくに変わったところはない。適度な長さと太さのくちばし、長くも短くもないつばさや足をもつ。体の大きさは、小鳥のなかまとしては大型。そんな特徴を生かしつつ、森林から草原、河原や海岸にまですみ、昆虫や小動物、魚から植物の種子までとって食べているのだ。

しかし、何でも屋とは言え、カラスは、まわりにあるものを手当たり次第、何でも食べるわけではない。その地域、その季節に手に入りやすいもの、とくに好みのもの、それなりに栄養価の高いものを見つけ出し、処理して食べるのだ。その結果、カラスはそれぞれの地域で独特の「食文化」を発達させている。北海道沿岸ならウニやホッキガイ、東北ならオニグルミ。サケがのぼる川の沿岸ならサケの死骸、沖縄ならサトウキビなど。その地、その時期に得られる魚介類や木の実などを巧みに利用しながら食べる食文化だ。

なかでも都市にすむカラスは、人の生活の中に深く入り込み、生ごみならぬすぐれた食材を口にしている。大都市、東京とその近郊などでは、ふつうの人間では食べられないような上等の肉や魚、果実まで口にすることができている。まさに、グルメガラス。

これらのカラスは、地域の状況を把握しつつ、しかるべきときに、しかるべき場所に

エゾバフンウニを食べるハシブトガラス。
北海道利尻島。撮影：西谷栄治

サケの死骸を食べるハシブトガラス。秋田市。

行って食料調達している。都心や横浜のカラスのくらしに、そうした生き方がよく表れている。都市には都市特有の食文化が発達していると言ってよい。

さらに、都市で豊かにしたのは食生活だけではない。もちまえの柔軟性を生かしつつ、人が作り出した大型機械から日用品、遊具に至るまで利用するようになったのだ。車、水道、線路のレール、煙突、石鹸、ろうそく、針金ハンガー、ゴルフボール、浮き玉、電線、すべり台などまでだ。その結果、健康や娯楽までふくめて、くらし全体が豊かで安定したものになっている。

人との軋轢

しかし一方で、人のくらしに入り込んだカラスは、いろいろな場面で「めいわく行為」におよんでいる。石鹸やろうそく、ゴルフボール、針金ハンガーなどを盗む。ろうそくのもち去りは、ボヤに至ることもある。電柱などの上につくられるハンガーづくりの巣は、電線・電柱と接する部分でショートを起こし、地域全体が停電になることも。水道の栓は開けっ放し。車の前にクルミを置くカラスだって、後続の車が発進できないことにもなる。線路への置き石に至っては、列車の進行妨害、あるいは人命にかかわることにもなりかねない。

　これまで取り上げなかった別の問題もある。ごみの食い散らかし、農作物被害、人への攻撃などだ。ごみの食い散らかしは、大小さまざまな規模で起きている。路上に出される家庭ごみ、レストランから出される高級食材の残飯、大規模処分場の大量のごみなどがかかわる。単に汚らしいだけでなく、衛生上の問題にもなる。この面からすれば、「グルメガラス」などと言っている場合ではない。農作物への食害も、深刻な問題だ。農林水産省の統計によると、２０１９年度のカラスによる農作物被害額は、13億2千9百万円にのぼる。

　人への攻撃は、カラスの繁殖時期である5、6月を中心に起きる。おもに、都市にすむハシブトガラスによるものだ。巣の近くを通る人の背後から飛んできて、頭をけっていく。重症に至ることは少ないが、よけようとしてブロック塀に頭をぶつけてしまうようなことはある。

　対策を立てることは可能だ。これまでも、取り上げた個々の話題のところでは、それなりの方法を述べてきた。重要なことは、カラスの生態や行動をよく理解すること。そして、問題の行動が起きる仕組みをきちんと調べることだ。ただ、やみくもに追い払うようなことだけしても、たいした効果は得られない。カラス対策については、国や地方行政、あるいは専門機関のウェブサイトなどでも紹介されている。最近では、きちんとした科学的知識にもとづいて提案がなされている。好例として、次の2つのサイトをあげておきたい。

・鳥類の生態と被害対策
・カラスとヒトが共存できる社会を

ただ、対策を立てるうえでやっかいなのは、カラスの知能だ。かしこいがゆえに、人の行為を見抜く力がある。学習して、簡単に無視してしまうようにもなる。

2次元コードをスマートフォンで読み取ると、上記カラス対策関連情報・ウェブリイトにリンクします。

14章

カラスの知能

カラスの柔軟性に富む生き方。その背後にあるのは、知能の高さだ。両者は密接にかかわりあいながら発達する。型にはまらない、柔軟な行動をとるためには、そのときどきの状況に合わせて行動する必要がある。たとえば、どうすればどうなるという、ものごとの前後関係を理解すること。うまくいかないときには行動をちょっと変えてみる、またそれを学習し、次のときに生かす、といったことなどだ。そのためには、知能の高さが必要。いろいろやるから知能が発達し、知能が発達するからいろいろできるようになる、というわけだ。

カラスのかしこさについては、すでにいくつかの章で紹介した。好例は、水道の栓を回して水を飲んだり浴びたりする行動や、クルミを車にひかせて割る行動。あるいは、専用の浴槽をつくってしまう行動など。また、あとで述べるように、日常のいろいろなところにも、高い知能にかかわることがふくまれている。

この章では、少し違った角度から、カラスの知能について見てみたい。みずから道具をつくり、それを巧みに利用する行動、人の顔などを認識する行動、それとカラスの脳の大きさや構造を取り上げる。

カレドニアガラスの道具づくり

オーストラリアの東方、南太平洋に浮かぶニューカレドニア島。長細い島で、面積は日本の四国とほぼ同じくらい。この島の森にすむカレドニアガラスは、黒いカラスとしてはちょっと小さめ。体重で言うと250〜350グラム。ハシブトガラスよりちょっと小さめのハシボソガラスが、450〜650グラム。それと比べてもだいぶ小さい。体は小さめだが、このカラス、「道具」をつくって利用することで有名だ。

どんなすごいことをするのか？　いろいろあるが、まずは森のなかでの採食行動。たとえば、小枝を適当な長さに折り、くちばしに縦にくわえる。小枝の代わりに、ククイノキという植物の長めの葉柄（枝から葉っぱのもとまでのびるところ）をちぎって使うこともある。で、その道具、加工した小枝などの先で、倒木の穴や幹のすき間に潜む昆虫の幼虫の頭を突つき、かみついた幼虫を引き上げる。植物の茎を使ってシロアリ釣りをする、チンパンジーと同じようなことをするわけだ。

カレドニアガラスはかぎ状の突起のある道具をつくり、木の穴などに差し込んで幼虫を引きずり出す。タコノキの葉のふちを割き、先を細くした葉片を使っている例。複数の写真やイラストを参考に作成。イラスト：竹田嘉文

さらに、もっと効率のよい道具もつくる。たとえば、タコノキなどの葉のふちをくちばしで引きちぎる。葉のふちには、細かなとげとげが、のこぎりの刃のように並んでいる。そのとげとげ、かぎ状の突起を利用して、幹などの奥に潜む幼虫を引っかけてとり出すのだ。また、Y字に分かれた小枝から葉をとり除き、折ったり形を変えたりして、かぎ型の構造物をつくることもある。かぎ状になった短い部分の先端は、鋭くなるように細工する。で、やはりそれを使って、とり出しにくい昆虫などを引きずり出す。

こうしたかぎ状の突起のある道具をつくるのは、動物界全体でもこのカレドニアガラスだけだ。

慶應義塾大学の伊澤栄一教授らは、カレドニアガラスのくちばしの特徴を調べている。それによると、このカラスの下くちばしは、しゃくれ上がっている。これにより、くちばしは顔の正面に向かってまっすぐに伸びている。また、上と下のくちばしの合わせ目は平らになり、上下のくちばしがペンチのようにきちんと合わせられる。くわえた小枝などを顔の正面でしっかり押さえるのに都合がよい、ということだ。

ほかの多くのカラスのくちばしは、下向きに曲がっている。このくちばしだと、上下のくちばしの合わせ面もずれて曲がってしまい、小枝などをうまく押さえるのが難しい。また、しっかり押さえようとすると、小枝が顔の横や下に向いてしまい、見えにくくなる。

カレドニアガラスのくちばしは、小枝をもちいた道具使用に適した形になっていると言える。ただし、この形が小枝利用の「ために」発達してきたものなのかは、検討の余地がある。

興味深いことに、何を道具として使うかは、地域によって異なっている。島の異なる地域で、違った植物を違った方法で使う食文化を発達させているようなのだ。幼虫釣りをするサラメア地域のカラスは、ククイノキの葉柄だけを道具として使う。ピックニングア山の山頂付近にすむカラスは、カギ型に折り取った小枝や、かぎ状突起が並ぶタコノキの葉片を道具として使う。

カレドニアガラスは、こうした道具の作成と使用を、親から子へ、個体から個体へ、地域から地域へと拡げていっている。この過程で、道具の形状や使い方は、より精巧なものになっているようだ。まさに食料調達のための道具をつくる文化が、地域の拡がりのなかで徐々に進化していると言える。

カレドニアガラスの行動は、飼育されている個体でよりくわしく調べられている。実験は、イギリスやニュージーランドの大学の研究者によって行なわれている。その結果は、目を疑いたくなるほど興味深いものだ。いろいろあるが、3つだけ紹介する。どれも、餌をとるのに与えられた難問を、道具を使ってどのように解決しているかを示している。

その1つ。透明な細長い筒の底に、餌の入った小さな容器が置いてある。容器には吊り下げ用の持ち手がついている。近くには、長さ10センチほどのまっすぐな針金が用意されている。カラスはその針金をくちばしにくわえて容器を引き上げようとする。が、もちろん、その状態では引き上げることはできない。カラスはどうするか。足やくちばしを使って針金の先を折り曲げ、かぎ型にしたのち、それを持ち手に引っかけて容器を釣り上げるのだ。

2つめ。細長い透明な筒の中に水が入っており、餌が浮いている。しかし、カラスのくちばしの長さでは、餌まで届かない。そばに小石がいくつも置いてある。カラスはその小石を1つくわえて筒の中に落とす。石の入った分だけ水と餌が浮き上がる。が、石1つでは、くちばしがまだ餌に届かない。カラスはもう1つ小石をくわえて、筒に入れる。さらにもう1つ。くちばしが餌に届き、めでたくとることに成功。これは、イソップ物語に出てくるカラスが苦労の果てにやったこと。それを、たいした苦労もせずにやってしまったのだ。

この実験の少し違ったバージョンもある。石の代わりに、重いゴム製の固まりと、軽いプラスチック製の固まりを置いておく。どちらも、色や形、大きさは同じだが、プラスチック製のものは水に浮かんでしまう。カラスは、重いゴムの方を使うことを簡単に学んでしまう。

3つめ。容器の中に餌が入っている。そばに短い棒が置いてある。カラスは、その短い棒を使って餌をとろうとする。しかし、その長さの棒では餌まで届かない。近くを見ると、透明の容器に長めの棒が入っている。が、容器の入り口から長い棒まで、カラスのくちばしは届かない。が、カラスはこまらない。まず、短い棒を使って長い棒を引きずり出す。次にその長い棒をくわえ、容器の中の餌を引きずり出すのだ。

カラスが1つずつことのなりゆきを見つめ、問題を解決しながら、最終的に目的のものを手にする様子がよくわかる。

カレドニアガラスの道具の利用についてのよりくわしいことがらは、パメラ・S・ターナーの『道具を使うカラスの物語』(緑書房、2018)に紹介されている。

人の顔をどのくらい正確に認識できるか

宇都宮大学の杉田昭栄教授らは、飼育しているハシブトガラスで興味深い実験をしている。いろいろ行なっているが、ここでは人の顔の認識能力についての実験を取り上げる。実験の手順をふくめて、その内容を紹介しよう。

最初に、餌の入っている容器を用意。中に餌を入れ、紙のふたをして中身を見えなくする。ふたには、顔写真が印刷されている。顔写真は、杉田教授のものと別の人のものがある。この状態で、カラスに次のことを学習させる。杉田教授の顔写真のある容器には餌が入っており、別の人の顔写真のある容器に餌はない、ということだ。顔写真はどれもカラー。続いて、置く場所によって識別しないように、容器の位置を何度も変える。2人の異なる顔写真の二者択一だけでなく、4人、8人、15人の場合も試す。実験対象

顔写真を見て、餌の入っているほうの容器のふたを
破るハシブトガラス。撮影：杉田昭栄

となるカラスは3羽。試行を30回以上繰り返す。

結果はどうだったか。多少の個体差はあるものの、カラスたちは顔写真が増えても、ほぼ80％以上の正解率を示した。つまり、どのカラスも、人の数や容器の位置に関係なく、ほぼ毎回、教授の顔を突き破り（！）、中の餌を得た。たとえ15人の中からでも、正解となる1人の顔を選ぶことができたのだ。実験のデザインは杉田教授が考えたものだろうが、突き破られるたびに、教授は痛みではなく爽快感を感じていたのではなかろうか。

また、カラスは写真の向きがどんなであっても、正しい人の顔を選んだ。容器を横向きにしても、逆さまにしても、教授の顔を認識し、突き破ったのだ。カラスは顔写真を単純な図形としてではなく、どんな向きであろうと特定の人の顔として認知していると言える。一方、杉田教授らは、顔ではなく色の違いを用いた識別実験で、おぼえたことがらを、どのくらい持続させるのかも調べている。カラスたちは、12か月の空白期間をつくっても、しっかりと記憶を持続させていた。おそるべし、カラス！

すぐれた脳の構造

では、カラスの知能をつかさどる脳は、いったいどうなっているのだろうか。杉田教授らは、この方面の研究も行なっている。というより、杉田教授はもともと、脳の解剖をふくむ動物機能形態学の専門家だ。彼らの研究を参照しながら、カラスの頭の中を探ってみよう。おどろきの事実が明らかになる。

まず、体全体に対する脳の重量の割合。脳の割合が高ければ、それだけ知能が高いのではないかと推測できる。脳化指数という指標がある。脳の重量を、体重（の三分の二乗）で割った値だ。ハシブトガラスは0・16。ドバト（0・04）やニワトリ（0・03）よりずっと高い。ただし、ヒト（0・89）やイルカ（0・64）、チンパンジー（0・

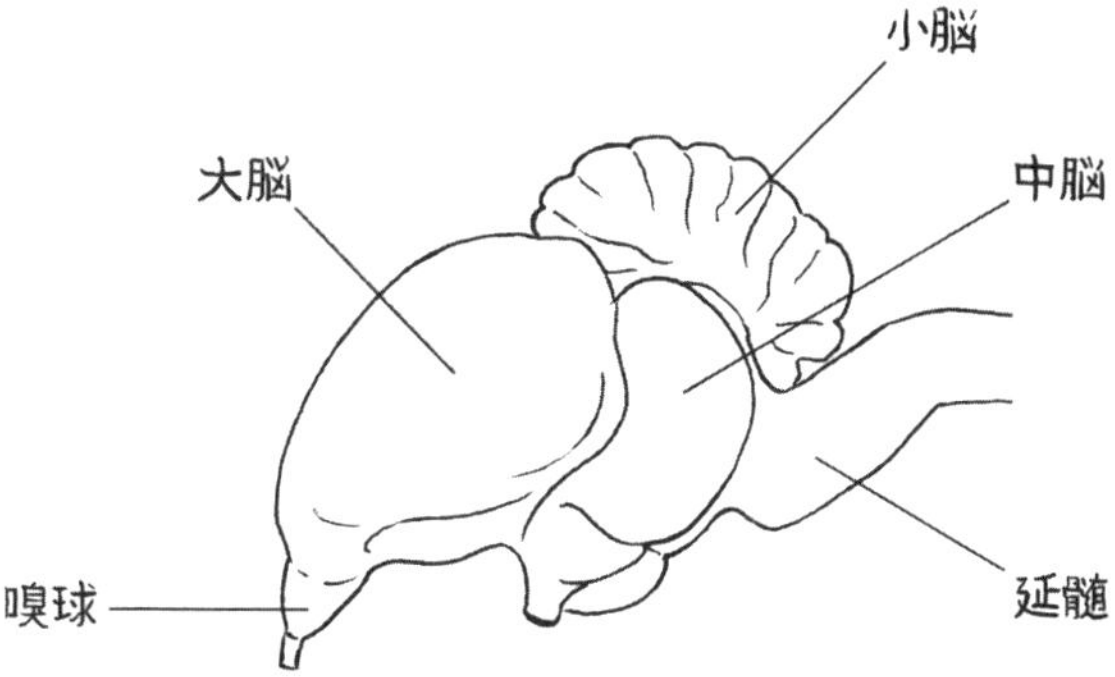

鳥の脳の構造（ドバトの例）。S. Podulka ほか :Handbook of Bird Biology (The Cornell Lab of Ornithology, 2004) 中のイラストを参考にして作成。イラスト：竹田嘉文

30）にはおよばない。
　次に、ちょっと細かい話になるが、脳内比というのを見てみる。脳内比とは、大脳の重量を脳幹の重量で割った値だ。脳幹というのは、小脳を除く中脳や延髄などからなる部分で、呼吸、心拍、血圧、体温などにかかわることをつかさどる。生命を維持する基本的活動を調節する重要な部分だ。一方、大脳は、学習や記憶、情報の処理能力など知能にかかわることをつかさどる。大脳が大きければ、脳内比は高くなる。いくつかの鳥で脳内比を比較してみると、ハシブトガラスとハシボソガラスは6前後。スズメやカモは3ちょっと、ハトやニワトリは2未満。カラスが断突に高いのがわかる。実際、カラスの脳を外側から見ると、

ハシブトガラスの脳（模型）。大脳が大きく張り出している様子がわかる。国立科学博物館・企画展「カラスと人間」（2005年）展示模型を撮影。

大脳が大きく張り出し、中脳などが隠れてしまっている。

また、カラスの大脳には、地層のような層構造が発達している。それぞれの層が、記憶や学習、情報処理などの異なる働きを担えるように分化しているようだ。さらに、組織内の神経細胞の密度が、カラスでは抜群に高い。1立方ミリあたり、ニワトリで約14、000であるのに対して、ハシブトガラスは約21、000もある。大脳全体の神経細胞の総数は、カラスでは2億3000万。対して、カモは6千数百万、スズメは1900万、ハトは1800万ほどだ。神経細胞が多いほど、多くの情報処理が可能になる。

カラスの脳、とくに大脳は、すばらしく

よく発達しているわけだ。カラスの知的な行動は、こうした脳の特徴によって可能になっているのに違いない。カラスは鳥の世界の霊長類、と言えるだろう。カラスの識別能力や脳の構造についてよりくわしく知りたい方は、杉田昭栄『もっとディープに！カラス学』（緑書房、2021）を読まれるとよい。

15章

未来のカラス

カラスのくらし、人のくらし

カラスは、こうしたすぐれた知能をもつことにより、実生活の中でも巧みに生きている。森にすむカレドニアガラスは、葉や小枝を使っていろいろな道具をつくり、幹や倒木に潜む幼虫などをとっている。道具をつくることによって、食生活はより安定したものになっているはずだ。飼育下で見せるおどろくべきその能力は、食生活以外のところでも発揮されている可能性もある。森の中というのは、限られた生活空間ではある。だが今後、予想もしなかった生活のあり方が発見されることになるかもしれない。

ハシブトガラスやハシボソガラスは、いろいろな環境にすんでいる。この鳥たちに戻って話を進めよう。ハシブトは、よく茂った大きな森や、逆にコンクリートのビルが立ち並ぶ大都市などにすむ。高さのある環境を好み、樹木や建物、電線の上などにいることが多い。ハシボソの方は、明るい林や農村地帯、海岸などにすむ。開けた環境を好み、ハシブトに比べると地上にいることが多い。もっとも、ブトとボソが一緒にくらしているところもある。すんでいる場所や環境が完全に分かれているわけではない。

どちらのカラスも、それぞれの地域、環境の中で知能を生かしつつ巧みに生きている。旬のもの、好みのものを見つけて食べる能力が好例。専用の浴槽づくりなどは特殊例。

だが、カラスの知能が最も生かされるのは、人の住む環境だ。ここでカラスは、人が作り出すいろいろなものを巧みに利用しながら生きている。車、水道、線路、石鹸、ろうそく、針金ハンガーなどなどだ。車や水道の利用には、ものごとの前後関係を理解する洞察力や、仕事を確実に進めるための学習や記憶の能力が生かされている。線路や石鹸、ろうそくは、貯食との関連で利用されており、そこでは記憶力などが重要な役割を果たす。針金ハンガーの利用には、建築材としての機能性を推しはかる判断力がふくまれている。

また、都市などでのくらしの巧みさは、そうした物の利用だけにとどまらない。たとえば生ごみ。この栄養豊富な食糧を口にするためには、いろいろな能力が生かされている。いつ、どこに行けばありつけるかには、学習や記憶が大きな役割を果たす。袋に入れたりネットをかぶせたり、箱の中に入れたりする人の行為には、洞察力から学習能力まで駆使して挑む。そのさまは、見事というほかない。

人はそうしたカラスの生き方に、ときに感動し、ときに大迷惑を感じる。結果、カラスのやっていることに、みずからの行動や生き方を変化させることになる。感動するほうでは、カラスをかしこい存在、神秘的な存在などとして、文学、美術、音楽、宗教、伝説、科学などの対象とする。カラスを題材としたこれらのことがらは、国内外、時代の新旧を問わず広く存在する。

あげていけばきりがないが、たとえば、江戸時代の屏風絵には、ハシボソガラスの群れの様子が見事に描かれている。美術界の巨匠、ファン・ゴッホの作品には「カラスのいる麦畑」（1890年）という絵画がある。カラスを祀った神社もある。代表は、和歌山県の熊野本宮大社や熊野那智大社など。ここに祀《まつ》られている「八咫烏《やたがらす》」は、神武天皇の一行を熊野から大和の国に道案内したと伝えられている。熊野の神様のお使い、導きの神様、交通安全の神様とあがめられている。ご存じ、日本サッカー協会のシンボルマークにもなっている。

カラスを見ることが、観光になっているところもある。韓国の南東部、ウルサンには、秋になると10万羽ものミヤマガラスが渡来する。夕方のねぐら入りや早朝の飛び立ちのときには、空が文字通りカラスでまっ黒になる。その巨大な群れが飛ぶさまは、まさに壮観のひと言。10年以上前、この地を訪れた私は、その光景に圧倒された。ウルサン市は、このミヤマガラスの様子を市の重要な観光資源としている。秋から冬のあいだ、国内外から多数の観光客が訪れる。

めいわくに思うほうは、より具体的だ。水を出しっぱなしにされないために、水道の蛇口の形状を変えることがある。置き石を防ぐため、川のコイへの餌やりをやめることもある。畜舎の構造を変え、カラスの出入りを防ぐこともある。石鹸やろうそく、浮き玉、針金ハンガーの置き場を工夫したりもする。ごみの出し方を変えたり、あるいは攻撃予防のために傘をさしたり、通る道を変えたりもする。農作物の被害を防ぐため、案山子《かかし》を立てたり、大きな音を出したり、網をかけたりする。最近では、「ランダム変動超音波」、「青色ＬＥＤストロボ」などといった、高度な追い払い機器も開発されている。さらには、カラスの数そのものを減らす事業が展開されることにもなる。

これらのカラス対策には、多額の費用がかかることもめずらしくない。個人の場合には、業者に依頼して費用を支払うこともある。農作物の被害対策では、農家の負担が大きい。カラスの個体数管理などには、行政がかかわる。この場合には、多額の税金が投入されることになる。たとえば東京都。近年、カラスの個体数管理のために、巣を落としたり捕獲したりするのに、年間５０００万円ほどの税金を使っている（東京都のウェブサイトより）。

人のくらしが、野生の生きものにこれほど影響されるのは、あまりないことだ。よしにつけ、悪しきにつけ、人はカラスのくらしを変え、カラスは人のくらしを変えている。少し言い換えれば、人はカラスの文化を変え、カラスは人の文化を変えている。今後も、人とカラスの生活圏は重なり合い、影響し合うことは確実だ。

米国ワシントン大学のジョン・M・マーズラフ教授らは、人とカラスの文化のかかわり合いを「文化的共進化」という視点からとらえている。共進化とは、かかわる両者が遺伝的な変化を通して、互いに影響し合いながら進化していくことだ。それと似た過程を、文化の発達にもあてはめているわけだ。くわしく知りたい方は、樋口広芳・黒沢令子『カラスの自然史【系統から遊び行動まで】』（北海道大学出版会、2010）の15章を読まれるとよいだろう。

未来のくらし

2018年5月、東京の錦糸町駅に「券売機ガラス」が現れた。人の手から交通系のカードを横取りし、券売機のまわりをうろうろしていた。いかにも券売機にカードを入れて切符を買うかの様子。また、カードをくわえて自動改札機に上がり、そこに通しそうな気配も。これがテレビや新聞などで大きな話題になった。いよいよ、かしこいカラスが、カードを使って電車に乗ろうとしている！という話に発展。私のところにも、マスコミからの取材が殺到した。

私も正直、おどろいた。カラスが駅の構内に入り、券売機のまわりをうろつくなどということは考えられない。まして、カードを使って電車に乗ろうとするなどということは、カラスの柔軟で知的な性質をもってしても、あり得ない。しかし、映像はそれらしい様子をはっきり映し出していた。要望もあり、現場に出かけることに。

行ってみて、すぐにわかったのは、問題のカラスが1羽のハシボソガラスで、しかも、ひどく人馴れしていることだ。錦糸町は都心に位置し、ハシボソガラスがすむようなところではない。おそらく、ここ数十年、記録されたことはない。加えて、このカラス、人の肩や頭の上に平気で乗ってくる。プラスチックの買い物袋から、中のものを引き出そうとしたりもする。

どう見てもおかしい。野生のカラスは、人のそばに寄ってくることはあっても、肩や頭に乗ることはない。本来、警戒心の強い鳥だ。おそらく、飼われていたものが付近で放された、あるいは抜け出したようだった。飼われているカラスであれば、手や肩に乗ったり、カードのようなものを人の手からをとったりすることもめずらしくない。結局、捕獲され、錦糸町から姿を消した。

と、まあ、そんな次第ではあったのだが、多くの人は、カラスはそこまでやるか、と思ったに違いない。この例は、1つのあり得ない状況ではあったが、カラスの未来に思いをはせるきっかけにはなったかもしれない。

もう少し、正面からカラスの未来を考えてみよう。今後、人のくらしは大きく変わる。古い習慣は消え、いろいろ新しいものが登場する。街の様子も大きく変わるだろう。しかも、変化はおそらく急速に進んでいくに違いない。こうした変化に、カラスは行動やくらしぶりをどう変えていくだろうか。

いくつかの側面から想像してみたい。ただし、未来とは言っても、だいたいの見当がつくのは、せいぜい50年くらい先までのことだ。

住宅やレストラン、企業などの生ごみ処理は、改善されていくに違いない。それにともなって、カラスの口に入るごちそうは減っていくだろう。固形の石鹸が野外に置かれることは少なくなり、また液体の石鹸に変わっていく可能性がある。カラスが固形の石鹸をかじる習慣はすたれていくだろう。人が針金ハンガーを使うことは、少なくなると思われる。じゃまにならない、使い勝手のよいものが、登場してくる可能性があるからだ。したがって、カラスが針金ハンガーを巣に使うことは少なくなるだろう。銭湯も次第に姿を消し、また残った場合でも、煙の出にくい処理がされるだろう。カラスの煙浴はめずらしいものとなる。

一方、時代の要請にしたがって、公園、キャンプ場、競技場、海水浴場などの行楽・遊興施設は、大小いろいろな規模のものが各地にできるだろう。こうしたところでのきちんとしたごみ処理は、なかなか進まない可能性がある。日常から離れた場所でのマナーは、年々悪くなっていく傾向があるからだ。そうなれば、カラスの口に合うものも、たくさん出るに違いない。新たな器具や物品は、カラスが食物を得たり、加工したりするのに利用されるだろう。新登場の遊具は、すべったり、ぶら下がったりするのに使われるかもしれない。野外の噴水や水場の増設は、カラスにかっこうの飲水や水浴の場を提供することになる。

また、建物、電柱、鉄塔などは、より頑強なものに変わっていくことはまちがいない。それはカラスに安全で、好適な営巣場所や休憩場所を数多く提供することになる。ただし電柱の多くは、電線が地下に移されるのにともなって消えていくだろう。増え続ける高層マンション群は、そこに独特の風を発生させる。カラスはそれに乗り、楽しむ機会を増やすのではなかろうか。

ちょっと違った視点から、温暖化などの影響はどうだろう。いろいろな対策が立てられてはいるものの、温暖化や都市昇温（ヒートアイランド現象）は今後も続いていくだろう。これにより、昆虫の発生時期や木の実がなる時期は早まっていく。カラスが好むセミなどの昆虫や、ビワなどの木の実が得られる時期が、変化していくということだ。ただし、カラスは雑食性で融通のきく習性をもち、渡る習性ももっていない。そんなカラスにとっては、この食物をめぐる影響は大きくはないだろう。

しかし、夏の暑さはより深刻なものとなる。こんにちでも、暑いさかりにカラスが、口を開けてハアハアあえいでいるのをしばしば見かける。今後、日中の気温が40℃を超えることはめずらしくないだろう。そんなとき、健康を害する個体が出てくるのではなかろうか。都市化がさらに進んだコンクリートジャングルでは、なおさらのこと。

このように、今後の人のくらしのありようは、カラスの食生活、住生活、健康、娯楽にまでいろいろな影響をもたらす。これまで述べてきたことは、将来起こりうることのほんの一部にすぎないだろう。人のくらしや文化がどのように変化するか、予測のつかないことが多いからだ。もちろん、状況は国や地域によって、またカラスの種によって違っているだろう。

とにもかくにもだ。これからも、さまざまな話題を提供する、「ニュースなカラス」が登場することはまちがいない。楽しみでもあり、ちょっと怖くもある。

15章 未来のカラス

ニュースなカラス、大集合！

あとがきに変えて

身近なカラス。黒くて大きいし、人をあまりおそれない。また、カァカァ、あるいはガァガァ鳴くので、気づきやすい。ゴミ捨て場で何かを食べている、ベンチに座っていると寄ってくる、2羽がよりそって屋根の上にとまっている。そんな光景は日常茶飯事。見ようと思うかどうかにかかわらず、目に入ってくる。かわいらしくもあり、ときに、憎ったらしくもある。

ときおり、何か変なことをやっている。くちばしにいくつも豆菓子のようなものをくわえ、水につけて食べている。やわらかくしてから食べているのか？　空き缶のふちをくわえ、振りまわしたり投げたりしている。サバの水煮の残りでも、とり出そうとしているのか？　金属製の屋根の上から、からだを斜めにしてツツツーとすべっていることも。遊んでいるのか？　そんなようなことを目にすることもあるだろう。

みなさんのまわりにも、きっと「ニュースなカラス」はいるだろう。もし、それらしいことに出合ったら、ぜひ立ち止まり、その様子を眺めてほしい。ひょっとすると、意外なことに気づくかもしれない。カラスとの日常は、新たな発見に満ちている。ささいなことも、場合によっては大きな発見につながるかもしれない。

最近、カラスとの「会話」を楽しむ人もいる。近い距離で人とカラスが向き合い、何かを語りかけている。まさか、と思うような光景だが、私は複数の人がそうしているのを知っている。どこまで言葉が通じているのかはわからない。しかし、伝わるのは言葉を通してのことだけではないだろう。こんなことのなかにも、通常では知りえない、カラスの秘密が隠されているかもしれない。

ニュースのなかには、大きなことも小さなこともある。ことの大小にかかわらず、ニュースなカラスについて、興味深い情報があったらぜひ教えてほしい。すでに知られていることでもかまわない。多くの情報が集まれば、地域による違いなども明らかになるだろう。今後、変わりゆく人の生活、そしてカラスのくらし。両者の新しい関係。そんな変化の様子も、できたら記録していきたい。本書は、そうした願いをも込めて企画されている。

情報は、以下のところに送ってほしい。たくさんの情報が集まれば、また新たに「ニュースなカラス」の企画を立てられるかもしれない。タイトルはずばり、「ニュースなカラス大集合！」か？　寄せられた情報にもとづく企画になるだろう。

〒223-8521　横浜市港北区日吉4-1-1
慶應義塾大学自然科学研究教育センター　樋口広芳あて
電子メール：hhiguchi@muh.biglobe.ne.jp

読者のなかには、カラスの生態や行動を本格的に研究してみたい、という人もいるだろう。おおいに歓迎したい。カラスの研究のよいところ、まず、カラスは見やすく、見る機会も多いということだ。これは研究上、絶対的に有利なことだ。研究対象によっては、何時間、あるいは何日かけても十分な観察ができないものも少なくない。カラスは、その反対なのだ。

カラス研究のよいところ、2つめは、やっていることがおもしろい、ということだ。カラスはやることなすこと、すべてが興味深い。本書のいろいろなところで述べたとおりだ。生きものの観察は、対象が何であれ興味深いもの、それはまちがいない。だが、身近でこれほどおもしろい観察ができるのは、カラス以外ではあまりないことだ。

カラス研究のよいところ、3つめは、お金がかからないということ。身近なところで観察している限り、双眼鏡と筆記用具くらいあれば、まずはこと足りる。若い人にとっても、退職後の年配者にとっても、ありがたいことだ。私自身、定年退職後10年ほどになるが、毎日のようにカラス観察を楽しんでいる。飛べない私たちは、カラスを追うのに苦労する。しかし、それは健康にもよいことだ。カラスは激しく動きまわることはないので、適度な運動になる。

まあ、よいことずくめ、ということだ。

さて、本書は、これまで私自身や私の研究グループが出合い、観察してきたことを中心にまとめたものだ。いくつかの話題は、すでにほかでも紹介している。とくに、ビワガラスについては、月刊『日本橋』2020年4月号の「カラスがつくる都心のビワ園」で、置き石ガラスと煙突ガラスについては、樋口広芳・森下英美子『カラス、どこが悪い!?』(小学館、2020)で取り上げている。車利用ガラスや14章の「カラスの知能」のところは、樋口広芳『鳥ってすごい!』(山と渓谷社、2016)の関連個所をもとに書いている。しかし、本書では、これまで紹介していなかったことがらを盛り込みつつ、個々の話題についてはくわしく、また物語風にまとめた。動画が利用できるところでは、それらにアクセスできる工夫もした。話題のなかには、新しい観察の記録もあれば、古いものもある。それぞれに、取り組むことになった思いや、楽しかった、ときにはつらかったできごとを織り込んだ。

これまで一緒に観察、研究してくれた人には、とても感謝している。私一人では、とてもできなかったことも多い。とくに、次の方たちとは多くの貴重な時間を過ごした。

東大在職中、石鹸ガラスなどをめぐって一緒に研究してくれた森下英美子さん、東大工学部の板生清教授（当時）の研究室のみなさん、八柱幼稚園の宮川靖さん、撮影でお世話になった柴田佳秀さんや久保嶋江実さん。車利用ガラスの観察でともに汗を流した東北大の仁平義明教授（当時）、東大の大学院生だった足立泰啓さん、秋田の鈴木三郎さんや武藤幹生さん。ビワガラスをめぐる観察で、山手線沿線めぐりをしてくれた国立環境研究所の吉川徹朗さんや東大、慶應大の学生さん。横浜国大からのカラスの追跡を一緒に行なった学生の井上美紀さん、西尾真由子准教授（当時）、藤野陽三上席特別教授（当時）、株式会社シー・アイ・シーの今井金美さん、我孫子市鳥の博物館・元学芸員の時田賢一さん、株式会社数理設計研究所の矢澤正人さん、などなど。そのほか、数多くの方のお世話にもなっている。

本書を準備するにあたっては、札幌の中村眞樹子さんや鎌倉の山本純さん、京都の伏見稲荷大社に貴重な情報をご提供いただいた。竹田嘉文さんにはすてきなイラストを描いていただき、以下の方々には、貴重な写真を提供していただいた。飯島芳明、柴田佳秀、杉田昭栄、高槻成紀、中瀬潤、中村眞樹子、西谷栄治、武藤幹生、朝日新聞社（敬称略）。編集にあたっては、文一総合出版の髙野丈さんとブックデザイナーの白畠かおりさんにお世話になった。髙野さんは編集者であると同時に、鳥のすぐれた観察者でもある。本書の出版に親身になってご努力いただいたことに、深く感謝している。

樋口広芳 | ひぐち・ひろよし

1948年横浜生まれ。東京大学大学院農学系研究科博士課程修了。農学博士。米国ミシガン大学動物学博物館客員研究員、日本野鳥の会・研究センター所長、東京大学大学院教授を経て、現在、東京大学名誉教授、慶應義塾大学訪問教授。専門は鳥類学、生態学、保全生物学。日本鳥学会元会長。主著に『鳥の生態と進化』（思索社）、『鳥たちの生態学』（朝日新聞）、『鳥たちの旅ー渡り鳥の衛星追跡ー』（NHK出版）、『生命（いのち）にぎわう青い星ー生物の多様性と私たちのくらしー』（化学同人社）、『赤い卵のひみつ』（小峰書店）、『日本の鳥の世界』（平凡社）、『鳥ってすごい！』（山と渓谷社）、『鳥の渡り生態学』（編著、東京大学出版会）など。

ブックデザイン：白畠かおり
イラスト：竹田嘉文
編集：髙野丈

ニュースなカラス、観《かん》察《さつ》奮《ふん》闘《とう》記《き》

2021年11月24日　初版第1刷発行

著　者　樋口 広芳
発行者　斉藤 博
発行所　株式会社　文一総合出版
〒162-0812　東京都新宿区西五軒町2-5
TEL：03-3235-7341　FAX：03-3269-1402
URL：https://www.bun-ichi.co.jp
振替：00120-5-42149
印　刷　奥村印刷株式会社

 ISBN978-4-8299-7237-3 Printed in Japan
NDC488 四六判 128 × 188mm 216P